U0183668

土家族吊脚楼建筑行业规范编制

编撰委员会

荆楚 荆楚传统工艺振兴系列丛书

土家族
吊脚楼建筑艺术与文化

TUJIAZU
DIAOJIAOLOU JIANZHU YISHU YU WENHUA

恩施土家族苗族自治州住房和城乡建设局 著

華中科技大學出版社
http://press.hust.edu.cn
中国·武汉

图书在版编目(CIP)数据

土家族吊脚楼建筑艺术与文化/恩施土家族苗族自治州住房和城乡建设局著.—武汉:华中科技大学出版社,2022.11

ISBN 978-7-5680-8329-4

Ⅰ.①土… Ⅱ.①恩… Ⅲ.①土家族-民居-建筑艺术-研究 Ⅳ.①TU241.5

中国版本图书馆 CIP 数据核字(2022)第 220809 号

土家族吊脚楼建筑艺术与文化 恩施土家族苗族自治州住房和城乡建设局 著

Tujiazu Diaojiaolou Jianzhu Yishu yu Wenhua

策划编辑:汪 杭

责任编辑:洪美员

封面设计:原色设计

责任校对:王亚钦

责任监印:周治超

出版发行:华中科技大学出版社(中国·武汉) 电话:(027)81321913

武汉市东湖新技术开发区华工科技园 邮编:430223

录 排:华中科技大学惠友文印中心

印 刷:湖北恒泰印务有限公司

开 本:787mm×1092mm 1/16

印 张:14.5

字 数:353 千字

版 次:2022 年 11 月第 1 版第 1 次印刷

定 价:98.00 元

前言 FOREWORD

土家族吊脚楼是土家族之瑰宝，其营造技艺是恩施土家族苗族自治州非遗文化的精华。

吊脚楼文化是土家族苗族民居、生产生活的永恒记录和历史的沉淀。考古证明，距今 2 万多年的湖北长阳榨洞遗址，已经出现有了磉磴与木柱；约 7000 年前的河姆渡遗址，出土文物就有带榫卯的木构件；约 5000 年前蕲春毛家咀遗址，木构件建筑遗址有 5000 多平方米；吊脚楼自新石器时代就流行于长江以南，之后兴盛于汉唐。土家人从穴居、“构木为巢”的巢居到“架木为居、搭木履草”的棚居，再到“人楼居，梯而上”的楼居。社会不断前进，人类不断进步，土家族建筑不断演变，吊脚楼便应运而生，其形制由原始、简陋、经济到精致、美观、繁复。土家人在每一段历史进程中，都能将住房与特定的生活环境结合，便形成了区别于其他民族的民居文化。

2011 年 5 月，土家族吊脚楼营造技艺经国务院批准，列入第三批国家级非物质文化遗产代表性项目名录。2013 年 7 月，习近平总书记在湖北考察时强调，城乡建设应体现湖北特色和荆楚文化。2018 年 2 月，湖北省委、省人民政府发布《关于推进乡村振兴战略实施的意见》，要求繁荣农村文化，实施文化兴盛工程，充分挖掘荆楚文化，保护好历史文化名镇(村)、传统村落、历史建筑等遗产。湖北省委、省人民政府、省住建厅、省文旅厅和相关科研机构合作，组织开展了“荆楚派”建筑风格研究与应用工作。“荆楚派”建筑风格研究就是要挖掘“大气、兼容、张扬、机敏”的人文精神内涵，品鉴“庄重与浪漫、恢弘与灵秀、绚丽与沉静、自然与精美”的美学意境，表现“高台基、深出檐、巧构造、精装饰”的风格特征。其研究内容大致涵盖吊脚楼建筑外在表现和内在意蕴。在此背景下，时任恩施土家族苗族自治州人民政府副州长的张勇强同志通过调研，了解到恩施地区吊脚楼群及单栋吊脚楼在全州乡村存量不少，如咸丰就有土家族吊脚楼群 28 处、单栋吊脚楼 500 余栋。特别是恩施土家族吊脚楼(或吊脚楼群)具有明显的代表性——咸丰有蛇盘溪、水井坎、官坝、王母洞、大路坝等；宣恩有彭家寨、庆阳坝古街；恩施有小溪村、二官寨、大集场、滚龙坝、金龙坝；来凤有舍米湖、杨梅古镇、徐家寨子；鹤峰有曹门寨子、大路坪村、中营镇、周家院子；利川有鱼木寨、老屋基等。但现实状况是，有的吊脚楼群损坏严重，缺乏管理；有的单栋吊脚楼濒临倒塌，无人维修；好多木构件屋场荒芜，无人照看。土家族吊脚楼及吊脚楼营造工艺有逐渐濒危、消失趋势消失趋势，亟待抢救。于是，张勇强向时任恩施州委书记柯俊、州长刘芳震汇报了这一情况，他们非常重视，并再三强调一定要大力支持抢救、保护、传承这一“非遗”文化。

2019 年 1 月，恩施州人民政府提出，恩施州住房和城乡建设局实施“土家族吊脚楼建筑行业规范编制项目”。该项目包括编制《土家族吊脚楼建筑国家标准》《土家族吊脚楼营造技艺指南》团体标准，编著《土家族吊脚搂营造技艺》《土家族吊脚楼建筑艺术与文化》两本图书四项内容。

土家族吊脚楼建筑艺术、非物质文化遗产土家族吊脚楼营造技艺项目国家级代表性传承人万桃元先生总结，“木匠木材木建筑，高杆展样无纸图。榫卯结构胸怀数，上下左右自然熟”。还有吊脚楼轴点“伞把柱”构造，龙骨为“娘”，檐的“升水”，沟底角尺，挑的形制，“签子”飞檐，走马转角，磉磴立柱，等等，每一处结构中都深藏着艺术，艺术中深蕴着文化。吊脚楼文化，除建筑艺术文化外，还有土家族吊脚楼演变发展文化、建筑过程中的祭祀文化、民俗文化，以及土家族民居生活文化，等等。如此深厚且丰富的文化宝藏形成了我国少数民族独特、神秘且美妙的交响曲。

从 2019 年 3 月开始，《土家族吊脚楼建筑艺术与文化》一书，由湖北土司匠人古建筑有限公司与湖北九峰文化传播有限公司合作组织有关专家团队编写，历经多次修改，于 2021 年 10 月终稿。全书 30 多万字，近 500 张图片及绘图，图文并茂。文字从“穿越时空——土家族吊脚楼建筑艺术起源、发展和演变”“绵延千年——土家族吊脚楼建筑文化传承”“独蕴匠心——土家族吊脚楼营造技艺解析”“走向振兴——土家族吊脚楼‘非遗’保护与传承”“烟火人间——土家族吊脚楼民居生活故事”五个方面，以不同角度展示了吊脚楼历史文化演变、吊脚楼营造技艺文化、吊脚楼民居文化 、吊脚楼的红色文化以及土家族人对美好生活的向往和追求。图片选择不同角度，由文配图，取事配图，因意配图，选景配图，较全面地展示了吊脚楼的关键部件和部位，也展示了吊脚楼的整体形象。

《土家族吊脚楼建筑艺术与文化》一书各篇独立，各叙内容，各抒情怀，综合形成了吊脚楼的创造史实、营造技能技艺、丰富的人文情怀的整体印象。通过文字和图片的展示，让读者脑中呈现一个明晰的轮廓：土家族吊脚楼是土家人生活的历史记载，它是古老的，古老到 6000 年之前的大溪文化时期；土家族吊脚楼是土家人文明智慧的象征，它是没有建筑师的建筑，依山就势，磉磴立柱，走马转角，飞檐角翘，雕窗锈垛，工艺创作美到极致；土家人祖祖辈辈生活在吊脚楼中，有过贫穷，有过奋斗，有过落寞，有过辉煌，但始终没有忘记与时代同步，追求美好幸福生活；土家族吊脚楼是土家人创造的建筑文明，但它是属于世界的，因为它的工艺之美、楼宇之美、山水融合之美、民居享受之美令人倾倒，可与世人分享。

之前，已有吊脚楼文化和吊脚楼营造工艺的研究，一些专家、学者或编写专著，或发表论文，开启了研究土家族吊脚楼之先河。如今，《土家族吊脚楼建筑艺术与文化》的出版，也将对此项研究起到借鉴及推动作用。

恩施土家族苗族自治州人民政府委托州住房和城乡建设局组织编撰“土家族吊脚楼建筑行业规范编制”项目，是恩施土家族苗族自治州抢救“非遗”项目——土家族吊脚楼营造技艺的一项重要举措。

土家族吊脚楼营造技艺文化和土家族民居文化深厚，需要仁人志士及学者广泛调研，深入挖掘，细致整理，在认识、欣赏、保护、传承这项“非遗”文化中做出更大贡献。

需要说明的是，本书图片除明确作者的部分，其余均由田冰拍摄，拍摄参阅资料的图片由谷斌提供，钢笔画插图由注册建筑师田民安创作。因编者水平有限，本书难免存在不足之处，敬请读者原谅。同时，衷心感谢支持此书编写、评审、出版的有关单位和个人！

柯兴碧

2021 年中秋

目录 CONTENTS

第一部分

穿越时空

土家族吊脚楼建筑艺术起源、发展和演变

土家族吊脚楼源流考

土家吊脚楼属干栏式建筑中的一类,现主要分布在鄂、湘、渝、黔交界处的武陵山区。

中国传统干栏式建筑可分为两类:一类是平地干栏,即在平原沼泽地区采用全部悬空的方式,在木柱架上修建的高出地面的房屋,浙江河姆渡遗址发现的干栏遗存就是这类干栏的祖型;另一类为山地干栏(或称半干栏式建筑),即在山区坡地或河坎边采用半悬空的方式,一部分房屋建在平地上,还有一部分房屋用木料悬空架在坡地或岩坎上,土家吊脚楼大都属于这类山地干栏式建筑。

著名建筑学家张良皋先生认为:"干栏源于巢居,巢居源于树栖。"[①]很多学者认同这一观点。但是相关文献记载较少且年代偏晚,巢居遗存又不易保存,因此在现代学者的论著中,所谓"巢居"到近代吊脚楼的演变过程几乎为空白。

近年来,考古发现的古代建筑遗存越来越多,我们分析今土家族地区各个时期留下的房屋遗迹,发现山地干栏从产生到兴盛走过了一条独特而又漫长的发展之路。

一、形成期的山地干栏

(一)人类建筑从穴居开始

穴居是人类古老的居住形式,也是武陵山区史前人类主要的居住形式,自旧石器时代一直延续至今,后世任何一种建筑形式都与它息息相关。

有学者认为,在古代中国,穴居是黄土高原居民的"专利","中国穴居之所以充分发达,有别于几乎全世界的建筑历史,主要归因于中国的地理条件。中国有世界最大的黄土高原,又冲积为广袤的黄土平原。黄土的'壁立性'便于人民掏穴为居,而且易于密集,形成聚落。"[②]但考古资料证明,在中国西南武陵山区,人类穴居的历史比北方窑洞更为久远。

武陵山区喀斯特地貌非常典型,适宜人居的岩穴很多,石器时代人类穴居的遗址也不少。榨洞位于湖北省宜昌市长阳土家族自治县渔峡口镇龙池村,属鄂西南清江中游地区,因现代人曾在洞中开榨坊而得名,这是一个适宜人居的天然洞穴,洞内空间较大,加之光照和水源充足,现在是一个储酒和人工养殖娃娃鱼的场所。考古发掘资料显示,除了现代人的遗存,洞内还有三个时期的文化堆积,即夏商时期的香炉石文化(距今4000—3000年的早期巴文化)、距今约6000年的大溪文化和距今约5万—1.2万年的旧石器晚期文化。[③] 在一个

---

① 张良皋:《匠学七说》,中国建筑工业出版社,2002年。
② 张良皋:《匠学七说》,中国建筑工业出版社,2002年。
③ 王善才:《清江考古》,科学出版社,2004年。

4 米×8 米的小小探方内，竟然浓缩了四个不同时期时间跨度近 3 万年的人类穴居史，这证明了穴居在南方山区同样盛行，且从远古延续至今。

史前人类选择洞穴作为栖身之所，起初洞穴内除了用柴火取暖照明、烹煮食物后留下的红烧土块，并没有留下其他的建筑遗迹，后来为了抵御猛兽及敌对部落的攻击，有人开始在洞口修建一些简易建筑，如修砌一道石墙或用编制竹木篱笆等。而随着部落人口增多，同时也为了更方便地获取食物，从新石器时代早期开始，部分原始人走出洞穴，尝试在野外修建简易房屋。

（二）新石器时代早期——磉磴出现与木柱的运用

新石器时代早期（距今 10000—8000 年）留存的房屋遗址较少，这里以清江流域的桅杆坪遗址为例作简要说明。

在湖北长阳榨洞遗址隔河相望的地方，有一个名叫桅杆坪的河边台地，经考古发掘，这里发现了 2 座新石器时代的房屋建筑基址，其中一座位于遗址东北部，编号 F2，房基为第五文化地层之初的产物，经放射性碳素测年，其年代为距今约 10070 年，属新石器时代早期遗存。房基分散排列着 10 余个大石头，发掘者发现这些石头处于同一水平线上，石头上端面较为平整，应该是用于放置木柱的柱础，从柱础间的间距和范围来看，房基形状似呈不规则的长方形。它说明在距今 1 万年左右的新石器时代初期，人们已开始烧制陶器和在平地上学会建筑居住的房屋了。[①]

长阳地区房屋建筑基址（王善才《清江考古》）

从 F2 房基遗存及周边环境来看，这应该是一座木架结构的地面台式建筑，房屋至少使用了 10 余根木柱，特别值得一提的是，该遗址出土了武陵山区最早的 10 余个柱础石。柱础俗称“磉盘”，又称“磉磴”，就是木柱下面安放的基石，它证明早在 1 万年前，当地原始人就懂得了用柱础石隔离柱脚与地面，防止木柱潮湿腐烂，同时也加强了柱基的承压力，对防止房

① 王善才：《清江考古》，科学出版社，2004 年。

屋塌陷有着不可替代的作用。现存的土家吊脚楼中，几乎每一根木柱的下面都垫有一个柱础，缺一不可。新近出版的《中国考古学大辞典》认为，最早的柱础发现于新石器时代仰韶文化。[①] 桅杆坪遗址出现的柱础石，将我国柱础出现的时间从新石器时代晚期提前到新石器时代早期，说明柱础出现的时间要远早于山地干栏式建筑。

(三) 新石器时代中期——“山地干栏”诞生

史前人类熟练使用木柱建房是山地干栏诞生的基础。

在新石器时代中期，清江流域及邻近的三峡地区以大溪文化为代表，最早的山地干栏遗存就出现在这一时期。

1. 中柱的出现

桅杆坪遗址中部，还有一座房屋基址编号F1，房基被第三层文化地层所压，属大溪文化早期遗存，半地穴式建筑，地面铺垫小卵石，平面近圆形，有7个柱洞，房基中心部位有1个柱础，发掘者据此推测该房屋的结构应为“圆形攒尖顶”[②]。

有学者认为，半地穴式建筑可能是受了中原地区房屋建筑形式的影响[③]，这种观点值得商榷。笔者认为，半地穴式建筑应该是当地天然穴居的延续。它们有一个共同的优点，能够遮风避雨且冬暖夏凉。区别在于，天然洞穴的空间自然形成，缺点是数量少且不能搬迁。而半地穴式建筑需人工建造耗时费力，优点是可建在更方便获取食物的地方。

F1房基半地穴式建筑内同样出现了木质构件，共计有8根木柱，周边7根应为檐柱，还有1根立在房基中部的柱础石上，说明这是一根重要的中柱。这使我们自然联想到了鄂西土家吊脚楼里最重要的那一根中柱——伞把柱，这是连接正屋与厢房的核心构件，也是最能体现土家工匠营造技艺的发明创造。

2. 山地干栏的诞生

在邻近清江的长江三峡地区，考古发现的大溪文化时期的遗址较多，仅瞿塘峡以东就有50余处，这些遗址的地层中发现了大量干栏式房屋建筑遗迹。

这种形式的房屋遗迹多分布于临江边斜坡地段的基岩上，故房基地面一般是一面偏高、一面低下。建房时，人们多是在基岩上凿出成排的柱子洞，然后将木柱插入柱子洞中。房屋的一半建在人工开凿出的较平整的岩石面上，另一半则是由里向外(偏低的一端)延伸出去，由栽立于岩石平面上的数根柱子支撑。在开凿出的岩石平面上，还刻意凿出吊脚楼(干栏)底部的横木木槽，使之整个房架连接一起，牢固的与房基结合成一体，这样不仅起到了房屋框架的稳定作用，同时也增强了安全感。[④]

在三峡坝区中堡岛遗址，考古人员发掘出不同时期的干栏式房屋遗迹。在最早的大溪文化地层中，不少柱子洞位于斜坡地面上，而不见居住面，柱洞遍布岩面，直径一般在10—20厘米，深3—30厘米不等。从柱洞排列形式看，这些房子都不大，一般在10平方米左右，门

---

① 王巍:《中国考古学大辞典》，上海辞书出版社，2014年。

② 王善才:《清江考古》，科学出版社，2004年。

③ 朱世学:《三峡考古与巴文化研究》，科学出版社，2009年。

④ 杨华:《三峡地区古人类房屋建筑遗迹的考古发现与研究》，《中华文化论坛》2001年第2期。

多向东南，室内有窖穴。有学者认为，在陡坡基岩表面深凿柱子洞这一普遍现象，经组合排比，只能是房屋建筑遗迹的保存，这种建筑，也只能是干栏——今天吊脚楼的祖型建筑形式，如果不误，干栏式建筑源于大溪文化时期。[①] 另有专家指出，截至目前，鄂西三峡地区新石器中期的大溪文化遗存中，还没有发现榫卯结构的干栏式建筑遗迹，这一时期的干栏式建筑多采用捆绑式结构。[②] 笔者分析，榫卯结构的干栏出现较晚，可能与当地盛产便于捆扎的藤类植物有关。

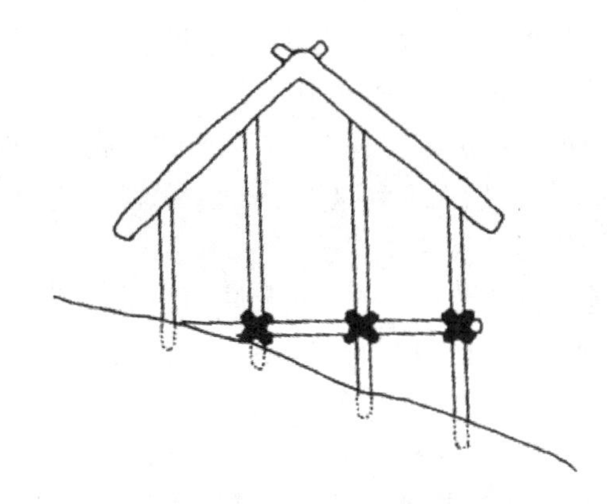

三峡地区新石器时代"坡地干栏"示意图(杨华/绘制)

在大溪文化时期，三峡地区房屋营造技术快速发展，有些技艺甚至沿用至今。如宜都红花套遗址发现的大批房屋基址，墙基多铺垫石块，起稳定和防潮作用，如今当地百姓仍然使用并称之为"墙脚石"。当时红花套遗址的居民们根据南方气候条件，并经过长期实践摸索，从而创造出了一种毛竹擎檐柱。这种形式的房屋布置与现在湘、鄂、川、黔等地山区近代居住房屋的形式几乎一样。根据建筑学的研究，墙基的加固与承檐结构的这一发展，是多雨气候条件所促成的。

（四）新石器时代晚期——"山地干栏"的发展

进入新石器时代晚期(距今 5000—4000 年)，三峡地区以屈家岭和石家河文化为代表。

从西陵峡地区属于屈家岭文化地层中发现的房屋建筑遗迹来看，基本上与该地区大溪文化遗存中发现的房屋建筑遗迹形式相似。

在中堡岛遗址西区屈家岭文化的地层中，清理出了大片当时建筑房屋墙体后遗落下来的红烧土块，覆盖面积约有 100 平方米，整个红烧土层呈斜坡状堆积而成，揭开红烧土层后发现房屋柱洞 50 余个，柱洞皆挖凿在底部基岩上。专家们根据房屋遗迹的红烧土呈斜坡堆积的情况判断，这处房屋当为半悬空干栏式建筑遗迹。[③]

与三峡中堡岛遗址的干栏建在坡地不同，宜昌白庙子遗址的干栏式建筑建在临江的岩坎上。该遗址编号 F2 的房址位于一个由南向北倾斜的坡地上，房基内及附近没有发现红烧土，只见有残存的 4 个呈四角分布的柱洞。从 4 个柱洞的布局位置看，形如一正方形。房屋

---

① 邓辉：《土家族区域的考古文化》，中央民族大学出版社，1999 年。

② 朱世学：《三峡考古与巴文化研究》，科学出版社，2009 年。

③ 朱世学：《三峡考古与巴文化研究》，科学出版社，2009 年。

建筑在断岩下北部(临江)处的一平地上,断岩高约 2.5 米,断岩上部的南面现为一块梯田,估计改田时已将断岩上部的(南端)居住面破坏掉。从这一地形观察可知,当时人们的活动场所主要是断岩的上部,北部断岩下由 4 个木柱承起,约在高 2.5 米处形成楼面,这样楼面的高度正好与断岩上的坡地相连结成了一个平面。[①] 这种沿河流陡坎修建的半干栏式建筑,类似今湘西凤凰、酉阳龚滩等地建在河边的土家吊脚楼群。

三峡地区出现较原始的半悬空干栏式建筑,首先,与当地坡地多、平地少的地理环境和温润的气候条件有关;其次,与当地人口数量有关,根据目前已公布的考古资料,三峡地区发现有远古时期的古文化遗址 200 多处,说明该地区的人口密度较大,这迫使他们在复杂的河谷地带建造房屋;再次,与当地的经济形态有关,这也是最重要的一点,当地有得天独厚的渔猎资源,丰富的食物吸引更多的原始人来到这里定居生活,这使得他们愿意花时间精力去建造较复杂的干栏式建筑长期使用。

纵观新石器时代三峡地区及武陵山区的建筑历史,我们可以清晰地看到,原始山地干栏的产生,并非像传统观点认为的那样简单——“巢居”的早期人类从树上下来就会修建吊脚楼。而是多种建筑形式相互促进融合发展,当木构建筑技艺积累到一定程度的时候,干栏式建筑就应时而生了。我们还注意到,这种营造技艺的积累并非一蹴而就,而是经历了数千年漫长的岁月,新石器时代干栏式建筑的诞生仅仅只是一个开始。

二、发展期的山地干栏

(一)夏商周时期巴人的居住形态

进入夏商周时期,武陵山区及三峡地区的土著民族被统称为“巴人”,峡江地区出现了成片的干栏式建筑,制瓦工艺从江汉平原传播到清江及澧水流域,这是吊脚楼营造工艺的重大突破。地处内陆腹地的清江及酉水流域,由于地理环境的影响及经济发展相对滞后,房屋建筑形式的发展也比较缓慢,地面建筑相对较少,穴居仍然是这一时期巴人民居的主要形式。

1.巴人的穴居

在史籍中,关于清江流域巴人穴居的记载很多,著名的当属《后汉书》的记载:“巴郡、南郡蛮,本有五姓:巴氏、樊氏、瞫氏、相氏、郑氏。皆出于武落钟离山。其山有赤、黑二穴,巴氏之子生于赤穴,四姓之子皆生黑穴。”

在清江中游地区,具有代表性的早期巴人遗址当属香炉石遗址,该遗址位于清江北岸陡峭山崖的岩隙中,发掘面积只有 467 平方米,但出土各类文物万余件,且这些遗存自夏商时期开始至春秋战国时期从未间断。古文献记载,廪君建都夷城后,大发感慨:“我新以穴中出,今又入此,奈何?”[②]而香炉石遗址的地理环境正与“望如穴状”的记载相吻合。这类崖壁下的岩穴,因深度浅、空间大、光照足、避风雨而被当地人称之为“岩洞屋”,这是武陵山区较为流行的一种穴居形态,商周时期的深潭湾遗址、驰滩遗址的穴居形态都属于这一类型。

① 朱世学:《三峡考古与巴文化研究》,科学出版社,2009 年。
② 朱世学:《三峡考古与巴文化研究》,科学出版社,2009 年。

古代巴人一般沿河而居，商周时期仍然以较原始的渔猎采集为生，在武陵山区腹地的溇水流域，越来越多的巴人走出洞穴，在河边修建半地穴式建筑。如在鹤峰县铁炉镇江口遗址，发现西周时期的半地穴式长方形房屋遗迹。在离江口遗址不远的刘家河遗址里，也发现了一座相当于春秋时期的半地穴式圆形房址，总面积达 31.2 平方米，围绕房屋的柱洞 56 个，室内分为 2 间，左室为生活空间，设有火塘等设施，右室可能为起居室，房屋外围还有防水的沟渠环绕。

相对于天然穴居，半地穴式木构建筑是一种进步，但这种建筑也存在室内空间狭小、阴暗潮湿、耗时费力等缺点，因此战国以后逐渐消失。

2. 三峡地区出现成片的干栏式建筑

夏商周时期，三峡地区的干栏式建筑与过去有所不同，新石器时期很少出现成片的干栏式建筑遗迹，夏商时期出现了。如三峡中堡岛遗址，商时期文化地层中清理出了大片成排的柱洞和干栏式房屋建筑基址，这显然是多座房屋的遗迹。房屋居室也从新石器时代的单间小室发展到夏商时期的多间大室，有的房基面积达 100 平方米，房屋墙体比较流行木骨泥墙，房屋的地面也从简单的地面平整发展到用防潮的红烧土铺垫，还加以夯筑，使地面变得更加坚硬结实。房屋的顶部从初期的树枝、草茎简单遮盖，发展到部分使用搅拌泥涂抹烘烤成红烧土面。有些房屋的两侧还建有排水沟，充分体现出当地古代民众的聪明才智。

3. 两周时期出现瓦片

瓦片的出现在中国建筑史上具有划时代的意义，我国目前最早使用瓦片的时间始于西周时期，出土点多在陕西、河南等地，三峡及武陵山区使用瓦片的历史晚于北方，始见于东周时期。

在清江中游长阳外村里遗址东周文化地层中，发现了制瓦工棚残迹、制瓦备料堆和瓦制品堆放点等一组遗迹，复原陶器、瓦制品 100 多件。发掘者通过对遗迹和出土物分析，认为该遗址出土的绳纹板瓦、筒瓦和带瓦当的筒瓦的规格、装饰、造型特点与湖北江陵纪南城极为相似，判断这是一处生产建筑材料——瓦类的专业生产基地。①

制瓦工艺在东周时期还传播到了位于武陵山区腹地的澧水流域，在湖南桑植朱家台遗址中就发现了战国时期的瓦窑、水井等遗迹。瓦窑系筑成于黄土上的半地穴式，窑呈圆形，窑内如桶，口大于底。窑内发现的遗物主要为板瓦、筒瓦、瓦当三类。据推测，板瓦约有 1800 件，筒瓦 600 件，瓦当 100 件左右。板瓦饰以不同的绳纹，筒瓦仍留有手工痕迹，瓦舌较短，瓦当皆为素面，有圆形瓦当与半圆形瓦当，覆盖于屋面的接榫处有圆孔，为固定瓦面使用，这一特征一直延续到近代。

朱家台遗址的发现，为澧水流域巴人所在地区的制瓦烧窑技术提供了宝贵资料，而且将该技术历史追溯到两千多年前。经比较，战国时期的瓦窑与今天土家族地区的瓦窑相差无几，说明战国后期巴人所在的内陆腹地部分房屋也开始使用瓦盖，当地烧制瓦窑的技术已经十分成熟。②

板瓦和筒瓦用来覆盖屋顶，改变了早期人类用茅草树枝覆盖屋顶的历史，由于瓦片自身

---

① 朱世学：《三峡考古与巴文化研究》，科学出版社，2009 年。

② 邓辉：《土家族区域的考古文化》，中央民族大学出版社，1999 年。

具有一定的重量，对房架的支撑能力提出了更高的要求，因此我们有理由相信，与制瓦工艺伴生的还有榫卯技术。但遗憾的是，目前还没有这方面的考古材料予以证实。

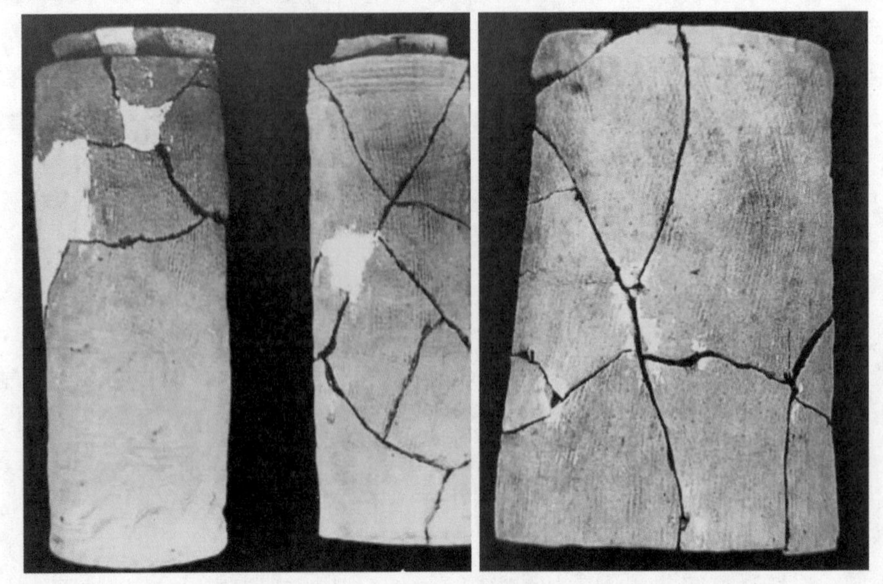

今土家族地区出现的最早的筒瓦及板瓦（王善才《清江考古》）

（二）汉晋至唐宋时期的干栏建筑——榫卯工艺的成熟

这一时期的文献中出现了干栏。更为重要的是，在武陵山区崖葬遗址中，还发现了带有榫卯结构的木质建筑构件和葬具。

1. 古文献记载中的干栏

最早关于干栏建筑的文献记载见于魏晋时期。《魏书·僚传》云："僚者，盖南蛮之别种……依树积木，以居其上，名曰干栏。"这里的"干栏"就类似于"巢居"或"树栖"，严格来说，这种全悬空的原始民居，不属于半悬空的山地干栏类型。按常理，"树栖"主要依靠树干提供支撑，"依树积木"之人能否熟练运用木柱，成为山地干栏的发明者，我们不得而知。晋常璩《华阳国志·巴志》云："郡治江州，时有温风……地势侧险，皆重屋累居，数有火害。""江州"就是后来的重庆，"重屋累居"就是典型的山地干栏式建筑，这说明至少在晋代，干栏已经成为部分山城或居民点主流的民居建筑。

古文献记载中的干栏又称"阁栏""高栏""巢居"等，这类记载一直延续到唐宋时期。

2. 穴居、崖葬与干栏

秦汉以后，土家先民的称呼逐渐由"巴"变成了"蛮"，他们除了住干栏，穴居依然盛行，《隋书·南蛮传》记载："南蛮杂类，与华人错居，曰蜒，曰獽，曰俚，曰獠，曰㐌，俱无君长，随山洞而居。"巴蛮穴居习俗与当时盛行的"崖葬"关系密切。

土家先民巴人一直有"事死如事生"的观念，巴蛮"崖葬"实际上就是一种亡人的穴居方式，活人的穴居地一般在崖壁根部方便出行，而亡人的穴居地往往在崖壁中间的岩隙不受打扰，二者的共同点是均位于能遮风避雨的地方。

恩施州境内的崖葬遗迹较多，长江、清江、酉水、溇水、唐崖河等大小河流都有发现，其中峡江地区的崖葬时间较早，时间大约在战国中晚期至东汉初年，所用葬具均为整木挖凿而成。而武陵山区中小河谷的崖葬年代较晚，从汉晋一直延续到宋元时期，当地人称“箱子岩”“柜子岩”“神仙洞”“仙人洞”等。其中来凤卯洞“仙人洞”较为著名，发现的遗物有130余件，其洞口木构建筑为我们研究这一时期的干栏形态提供了宝贵资料。

来凤“仙人洞”位于酉水河谷的悬崖绝壁间，距河面约150米，因远望洞口有木构房屋建筑，故名曰“仙人居所”或“仙人洞”。房屋建筑建在洞口的乱石堆上，用大木枋和粗圆木为楼枕，上有木板装成的板壁，木枋、楼枕皆用榫卯结构，楼枕超出壁板50厘米，枕木头向外，雕饰成为“龙头”形状，远视如放置的器物。[①] 从现场描述可知，这是洞口半悬空的木构干栏式建筑，但令人惋惜的是，洞口建筑因洞顶坍塌石块而损毁倒塌，现场一片狼藉。

在来凤“仙人洞”发现的“龙头榫”（李作林/摄影）

崖葬的葬具大致分三种形制，一是汉晋时期的“船形棺”，两头翘起，系整木挖凿；二为隋唐时期的“猪槽棺”，棺形平直，同样为整木挖凿；三为宋元时期的木箱式葬具，系厚木板拼装，两端用鱼尾榫卯结构。

在发现的遗物中，有一套铁匠工具和木匠工具格外引人注目，它说明随着铁器的使用，工具的改善，榫卯工艺的成熟，修建土家吊脚楼所需要的所有营造技艺均已具备，山地干栏式建筑即将迎来一次飞跃。

（三）元明清土司时期的干栏式建筑

元明清时期，武陵山区分布着大大小小许多土司。据史志记载，这一时期的建筑，呈现出两极分化的现象。

清嘉庆《龙山县志》记载，土司居处，富丽堂皇，砖瓦鳞次，绮柱雕梁，极尽奢华。其辖区官吏的住处，虽可竖梁柱，周以板壁，但不准盖瓦。一般土民只能杈木架屋，编竹为墙，树皮或茅草盖房。如有盖瓦者，均治以僭越之罪。造成这种现象的原因在于他们地位的不平等：司内一切田地山林归土王所有，土民依附于土王，是土王的私有财产，土王对土民有生杀予夺的权利。土民“民无常业”，要无偿为土王服劳役或兵役，既没有人身自由，也没有私有财产，所住房屋当然就原始简陋，因此这里主要介绍土司建造的高等级建筑。

---

① 邓辉：《土家族区域的考古文化》，中央民族大学出版社，1999年。

1. 穴居与干栏的完美融合

这一时期的土司建筑，虽然数量不多，但是显现出极高的工艺水准，以湖广地区面积最大、层级最高的容美土司为例，历代土王在著名的“容阳三洞”兴建了规模宏大的木构建筑群，清代文人顾彩所著《容美纪游》记载，万人洞“洞口有街有门楼”，万全洞“左就月轩，右受日亭，其中为大士阁……君所居曰‘魏博楼’”。土王田舜年所撰《晴田洞记》记载，晴田洞“于峒之下立衙宇”。从文献资料和洞府遗址发现的卯孔等遗迹来分析，土司建于洞府洞口一带的高层石木建筑，多为干栏式建筑，穴居与干栏在这一时期完美地融为一体。

2. 干栏与山体的完美融合

顾彩曾说：“志士何尝买山隐，仙人自古好楼居。”

土司建造的“楼居”大部分是山地干栏，在离平山爵府不远处，有一高约 30 米的小山曰“小昆仑”。《容美纪游》云：“上有佛舍，曲廊蜿蜒四周，乃君藏书之所，书橱罗列。”[①]依山而建的“佛舍”，毫无疑问是干栏式建筑，四周环绕的廊道，类似吊脚楼的“签子”，这里是土王田舜年藏书和著述的地方，体现了干栏与山体的完美融合。

山地干栏的巅峰之作出现在明清土司时期，其代表性建筑是容美田氏土司修建的保善楼，保善楼位于中府宣慰司署背后，《容美纪游》记载：“堂后则楼，上多曲房深院，北窗外平步上山矣。楼之中为戏厅，四面皆轩敞，一览八峰之胜。”[②]末代土司田旻如的《保善楼记》记载更为详细，我们现在可以从文字描述中窥见容美土司时期高超的建筑工艺，该楼“规模宏大，转弯抹角，百孔千窗，真令人不得其门而入者，内可藏万余人，有池水，有蓄粮，何异于深沟高垒也！余不肖，妄听行家之言，乙未岁因拆而毁之，数年隐忍于心……”[③]中府遗址位于现鹤峰县城威风台前，这里平地狭窄，从“北窗外平步上山矣”分析，保善楼北侧部分应该建在坡坎之上，属有较高楼层的山地干栏式建筑群。“楼之中为戏厅”显示其功能定位类似于现在的国家大剧院，可以不受气候影响常年举行戏曲展演活动。如此看来，容美土司不仅戏班子的行头唱腔“在全楚亦称上驷”，其演出场所在湖广地区也应该堪称一流。但令人惋惜的是，康熙五十四年(1715 年)，末代土司田旻如误听风水师一派胡言，该楼被“拆而毁之”，后来土司虽然幡然悔悟，然而悔之晚矣！

正因为历代土司在中府、爵府、南府等衙署区兴建了大量高规格的建筑，清改土归流前夕，这些建筑也成为各级地方官员弹劾土司“违制僭越”的罪证之一。

雍正八年(1730 年)，湖广总督迈柱奏称，据湖北忠峒宣抚司田光祖密报，容美土司田旻如“新造鼓楼三层，拱门三洞，上设龙凤鼓，景阳钟，住居九重，厅房五重，僭称九五居”。[④]

历代土司在修建司署建筑时，可能不会想到，这些精美建筑最终会被判定为“谋为不轨”，并最终促成了清雍正皇帝下定决心“改土归流”，成为压垮容美土司的最后一根稻草。

当山地干栏所有的建筑营造技艺均已具备，当构思精巧、技艺复杂的大规模土司衙署区干栏式建筑也惊艳亮相，山地干栏该走向何方？18 世纪中国西南土司地区的改土归流为山地干栏的发展走向提供了契机。

---

① 高润身：《容美纪游注释》，天津古籍出版社，1991 年。

② 高润身：《容美纪游注释》，天津古籍出版社，1991 年。

③ 高润身：《容美纪游注释》，天津古籍出版社，1991 年。

④ 容美土司文化研究会：《容美土司史料文丛》第一辑，中国文史出版社，2019 年。

鹤峰容美末代土司田旻如所书《保善楼记》碑拓(鹤峰县申遗办/供图)

三、成熟期的山地干栏

近代土家吊脚楼的大量出现,不仅是武陵山区木构建筑营造技艺长期累积的结果,同时与政治、经济以及周边地区的建筑风格等因素密切相关,特别是苞谷等外来物种在武陵山区大量引种,对山地干栏在土家族分布区大面积推广意义重大。

(一) 改土归流初期的民居建筑

至改土归流初期,土民房屋依然简陋,空间狭小,为了抵御风寒,他们把火塘与床铺相结合,形成了独特的“火床”。清乾隆七年(1742 年),永顺知县王伯麟在文告中称,永顺土民之家不设桌凳,安炉灶于火床之中,以为炊爨之所,阖宅男女无论长幼尊卑,日则环坐其上,夜则杂卧其间,惟各夫妇共被,以示区别。即有外客留宿,亦令同卧火床。[①] 火床在原土司地区极为普遍,土民家中没有床榻,没有桌凳,也没有堂屋,这样原始的民居离近现代土家吊脚楼相去甚远。

(二) 土家吊脚楼的大量出现

那么近代土家吊脚楼最早出现在什么时候?我们分析,民居干栏在今土家族地区大量出现,应在清雍正十三年(1735 年)改土归流以后,具体时间大约在乾隆末期或嘉庆年间,距今 200 多年,理由如下。

1. 政治原因

改土归流以后,土民对土司的依附关系被打破,土民获得了比以往更多的人身自由,他们可以自由迁徙、劳作,并拥有一定的私有财产,社会矛盾相对缓和,官府也没有对土民建造的房屋提出种种限制,这是土家吊脚楼大量出现的先决条件。

2. 经济原因

经济繁荣也是土家吊脚楼大量出现的一个重要原因,特别是乾隆年间,苞谷、红薯、土豆

---

① 祝光强、向国平:《容美土司概观》,湖北人民出版社,2006 年。

等外来农作物引入土家族地区，一定程度上解决了土家人的温饱问题，这让他们有时间、精力和财力建造属于自己的安乐窝。

引种苞谷对于土家吊脚楼的大范围出现有着重大意义，写于清乾隆五十九年(1794 年)的《山羊隘沿革纪略》记载："至乾隆年间，始种苞谷……种苞谷者，接踵而来，山之巅，水之涯，昔日禽兽窠巢，今皆为膏腴之所。"[①]山羊隘在今恩施州鹤峰县走马镇，是农耕条件较好、开发较早的卫所地区，这一带在乾隆时期始种苞谷，那么自然条件相对较差的原土司地区引种苞谷会更迟。而一些山大人稀的高海拔地区，苞谷引种之前是"禽兽窠巢"，养活不了那里的人。苞谷引种之后，这些偏远地区才成为膏腴之地，随着人户逐渐增加，土家吊脚楼出现的地域进一步扩大。

3. 移民原因

"蛮不出峒，汉不入境"的禁令撤销以后，外地移民大量涌入，人口大量增加，他们带来了外地的建筑工艺，促进了各民族的交流融合，这些因素也刺激了吊脚楼在土家族地区大量出现。

以恩施州宣恩县沙道沟镇彭家寨为例，这里旧属忠峒土司，清乾隆年间，彭氏先民从永顺(原土司地)迁至彭家寨(当时叫木场坪)，他们起初在这里砍伐木材，并对木料粗加工后外运，后来觉得这里是一个适宜人居的宝地，便利用当地丰富的木材资源建房定居，他们顺应山势，在山坡上修建了错落有致的吊脚楼群。

彭家寨吊脚楼群因年代久远且保存完好，被列入全国重点文物保护单位。宣恩县文物事业管理局原局长段绪光介绍，寨子核心区共有老房子 21 栋，其中绝大部分为吊脚楼(15 栋)，根据彭家族谱、古墓碑文及现场调查，确定最古老的吊脚楼应是村民彭武生家的老宅，修建年代为清嘉庆八年(1803 年)，另外还有清嘉庆到同治年间的吊脚楼 4 栋，其余大部分吊脚楼是清末民初的建筑，还有少部分是中华人民共和国成立后建造的吊脚楼。

彭氏先民是较早来到宣恩的外地移民，所以他们得到了海拔较低的山间坪坝作为栖身之所，后来的移民就只能逐步往高海拔地区迁徙，越是生产生活条件差的地区，移民的时间就越晚，他们所修建的吊脚楼年代也相应较晚。

彭家寨这栋吊脚楼修建于 1803 年(刘秀应/摄影)

---

① 祝光强、向国平：《容美土司概观》，湖北人民出版社，2006 年。

（三）土家吊脚楼的分布

在武陵山区，土家吊脚楼并非均衡分布。以湖北省恩施州为例，境内南四县（宣恩、来凤、鹤峰、咸丰）吊脚楼较多，这可能与清代湖南移民（特别是湘西土家人）的大量涌入有关。北四县市中，利川市受四川山地民居的影响，也有不少吊脚楼。恩施、建始、巴东三县市受江汉平原民居影响，这一带有较多夯土墙结构的房屋，吊脚楼相对要少一些。北四县市吊脚楼分布已达峡江地区，据著名建筑学家张良皋先生介绍，1998 年夏，他参加三峡文物保护考察时，就在巴东楠木园发现一栋带"伞把柱"的土家吊脚楼。① 这说明山地干栏自新石器时代在三峡地区诞生后，该地的干栏式建筑营造技艺也一直在与时俱进。

当山地干栏从高等级的土司衙署建筑，发展为普通土家人的居所，并在武陵山区大量出现和大面积分布时，真正意义上的土家族吊脚楼开始出现了。

四、结语

根据目前考古发现的建筑遗存，我们不难发现，山地干栏的诞生，是今土家族分布区木构建筑营造技艺长期累积的结果，受山区地形及当时盛行的经济形态的制约，与当地穴居建筑相伴相生，同时也受到了周边民族建筑风格的影响，瓦片烧制工艺在战国时期传入武陵山区就证明了这一点。

木柱的使用是山地干栏诞生的基础，山地干栏的每一次技术进步，都使其结构更趋成熟。从最初捆绑式的简易干栏，到榫卯技术出现；从栖身茅棚，到瓦片覆顶；从富丽堂皇的土司衙署干栏昙花一现，到美观实用的民居干栏大量出现，无不经历了漫长的岁月积淀。

了解了土家族吊脚楼的前世今生，我们会倍加珍惜现存的干栏民居，保护这种已流传数千年的生态建筑，不让这种古老的营造技艺在我们这一代人手中失传。土家族吊脚楼不仅承载了悠久的土家文化，今后更将以一种珍稀的旅游资源呈现在世人面前，正如著名建筑学家张良皋先生所言："武陵山区的人世仙居，不仅属于过去，而且属于未来；不仅属于武陵，而且属于全世界。"

① 张良皋、李玉祥：《武陵土家》，三联书店，2001 年。

《武陵山居古今谈》——上篇:武陵土家人

东晋文学家陶渊明的《桃花源记》,从“晋太元中,武陵人捕鱼为业。缘溪行,忘路之远近”落笔,采用回光幻影般的浪漫想象,描写了我国古代农耕文明的一处理想胜境。这桃花源,“芳草鲜美,落英缤纷”“土地平旷,屋舍俨然”,称得上山重水复,柳暗花明;“其中往来耕作,男女衣着,悉如外人”,这些神秘的武陵山居人即“避秦时乱者”,自由祥和,知礼好客,并且“黄发垂髫,并怡然自乐”。

武陵山,中国境内从云贵高原向东、向北一直延伸到长江南岸的一脉大山,那里峰峦秀挺,林郁水丰,沟谷纵横,溪河奔泻,树大根深,花香四溢,土肥水美,资源富集。差不多每一处丘壑,每一片池沼,都凸显出桃花源式的神秘与未知,是一片得天独厚的宜居之地。

武陵山,有原始人类早期的活动痕迹,有绵延长久的远古盐业、陶窑、丹砂与青铜文明。所有这一切,多与古代巴国与巴人息息相关。中国 56 个民族之一的土家族,其民族根系,就深深植入武陵山的森林与湿地。

武陵源风光——鹤峰溇水格子河

从某种意义上说,山因水而生,山是水的子民,因为大多数的山,均隆起于数亿年前的海洋深处。山的绿色生态,山的所有生命体包括微生物,均离不开水的润泽和哺育。

为展示中国土家族的家园背景,首先,不妨简要了解一下武陵山区域的自然地理状况。

武陵山中,清江、澧水、沅江、乌江及其支流在其间蜿蜒切割,四向辐射。

武陵山区为典型的喀斯特地貌,气候为亚热带向暖温带过渡的季风性湿润气候,雨量适中,雨热同期,夏凉冬冷,四季分明。当然,因地理落差较大,“上坡坡碰头,下坡坡擦背”“山下开桃花,山上飘雪花”的状况屡见不鲜。

森林,是武陵山生态系统的主体,区内森林覆盖率达 63%以上,是中国亚热带森林系统的核心区,是长江流域重要的水源涵养区和生态屏障。水杉、珙桐、银杏等古孑遗植物形成

利川清江源头民居群落(陈小林/摄影)

铺天盖地的森林群落，华南虎、金钱豹、云豹、香獐、果子狸、黄麂等珍稀动物穿林走棘。

武陵山生物物种特别丰富，除盛产稻、麦、黍、薯等粮食作物外，茶、林、烟、果、蔬等经济作物品类繁多，素有“华中基因库”之称，尤其是党参、当归、黄连、厚朴、贝母、天麻、大黄、杜仲、竹节参、七叶一枝花等中草药产量较高，誉满全国，堪称一部内容丰富的“本草大全”。由于植被特殊的层次结构，形成了动物、微生物赖以生存的栖息地。

武陵山矿产资源品类繁多，锰、锑、汞、石膏、铝、丹砂等矿产储量居全国前列。其中，清江流域的硒资源得天独厚，高硒区约 2000 平方千米，恩施市被称为“世界硒都”。

武陵山的鄂西林海与我国东北的大兴安岭及长白山针叶林区、西南的西双版纳热带雨林区一道，并称为“中国三大后花园”，而武陵山，却是唯一位于亚热带气候区的后花园。

藏匿在武陵山腹地的恩施乡村(陈小林/摄影)

鹤峰新庄——《容美纪游》中记载的细柳成

《庄周·盗跖》文曰:“古者禽兽多而人少,于是民皆巢居以避之,昼拾橡栗,暮栖木上,故命之曰有巢氏之民。”

《韩非子·五蠹》记载:“上古之世,人民少而禽兽众,人民不胜禽兽虫蛇。有圣人作,构木为巢,以避群害,而民悦之,使王天下,号之曰有巢氏。”

上面的两段文字,通过对民间传说的记录,大体上反映了在我国原始时代,人们由穴居而进入巢居过程的真实状况:那时的人们为避禽兽虫蛇的侵袭,只好“构木为巢”,白天以橡栗果腹,晚上栖居于树杈。后来,引导众人如鸟一般筑巢在树上的那个智者,还被尊为“有巢氏”而“王天下”。

关于巢居的建造史，其后仍有大量的文字记载。

西晋学者张华在《博物志》中称：“南越巢居，北朔穴居，避寒暑也。”又称：“僚者，盖南蛮之别种……依树积木，以居其上，名曰干栏。”

《新唐书·南平僚》记载：“山有毒草、沙虱、蝮蛇，人楼居，梯而上，名为干栏。”

中唐诗人元稹在《酬乐天》诗中云：“平地才应一顷余，阁栏都大似巢居。”并自注曰：“巴人多在山坡上架木为居，自号阁栏头也。”

显然，原始人或穴居，或巢居，即依托大自然，用自己的劳动建造家园，这无疑是人类文明的第一步。

年复一年，代复一代，“巢”由石穴到树杈、由树上到树下、由分散到集中、由简陋到繁华，不断演变、不断进化，现代人们所津津乐道的文明历史。

在武陵山及其邻近地带，古人类留下了多处穴居与巢居的遗迹。

考古学家通过对重庆巫山庙宇的龙骨坡、鄂西南建始高坪的巨猿洞(当地老百姓称为“龙骨洞”)、长阳钟家湾、鹤峰江口、来凤杨家堡等地的古生物化石进行考证，推断出早在200万年前，武陵地区的大山就有了群居的原始直立人；早在20万年前，清江流域就有了猿人迈向智人开始利用石刀石斧采集与狩猎的勃勃生机；早在5000多年前尧舜禅让、大禹治水时期，巴人就以部落结盟的方式，在今鄂西南清江两岸，开创了聚落形式的城建历史。

建始直立人遗址

从穴居到巢居是一种进步。一方面，人们依凭枝叶间的草窠栖息安身，避兽避蛇，防潮隔水；另一方面，还可居高临下依托掩体，用弓弩猎杀群兽后啖肉寝皮，获取衣食之所需。

这样，人们从潮湿阴森的洞穴走出后，绿色丛林就成了他们最初的家园，树杈草巢就成了他们最早的摇篮。

“人楼居，梯而上”，高大粗壮的树干与枝柯，显然是土家人所谓“干栏式建筑”最原始、最稳妥的支撑！

土家族是武陵地区的古代巴人吸收当地土著部族、濮人和迁入该地区的汉族及其他少数民族而形成的，他们是土家先民。近年来的学术研究表明，土家族吊脚楼缘起受到巴人、濮人干栏式建筑的双重影响，有学者认为“濮地之巴人因受其影响，也盛行干栏式建筑”。

土家人，起源于原始公社末期至战国中期，世居武陵深山，曾被称为“土人”“土民”“土丁”。而历代封建统治者对土家人有“土蛮”或“乌蛮”“武陵蛮”“五溪蛮”“施州蛮”等侮称。

元至清初，武陵山大部分地区实行土司制度，由土家人中的强宗大姓世袭司主，对土民进行割据式统治。清雍正年间，全面推行改土归流。中华人民共和国成立后的 1957 年 1 月 3 日，土家族被国务院正式确认为一个单一的少数民族。

总之，武陵山的巴人后裔，经过秦汉至隋的郡县制度、唐宋时期的羁縻府州制、元明至清初的土司制度和清雍正四年(1726 年)的改土归流、20 世纪社会大变革的潮起潮落，逐步演变成了今天鄂、渝、湘、黔四省(市)毗连地区的土家族，概称为“武陵土家”。

容美土司——鹤峰屏山爵府遗址(何启发/摄影)

明末崇祯年间，今鄂西南鹤峰、五峰一带的容美土司，司主田玄之弟田圭是一位田园诗人，他曾用诗作《山居》如此描绘自己的生活图景：

(一)

编竹为篱壁，自爱朴而古。

烟云绕我庐，趺坐鸣天鼓。

(二)

一溪鸦背绿，两岸木兰花。

有酒常自酌，宛然古陶家。

巴人后裔离开原始时代“构木为巢”的大树杈后，由家室的巢居状态，逐步进入“搭木覆草”的棚居状态。正如南宋人饶鲁在其《稠山茅屋》一诗中所言：

乱山堆翠如削玉，中有幽人结茅屋。

柴扉寂寂掩苍苔，书院萧萧倚修竹。

茅屋，不仅仅是文人雅士吟风弄月的场地，更是普通山人遮风避雨、传宗接代的栖居之所。“绿树村边合，青山郭外斜。开轩面场圃，把酒话桑麻”(孟浩然《过故人庄》)，“寂寞道傍堪叹处，柴门茅屋数家村”(袁燮《郊外即事》)，“倚松茅屋斜开径，近水人家半卖鱼”(王阮《出丰城》)，“春借梅花香入梦，雪深茅屋不知寒”(王镃《楮衾》)，“八月秋高风怒号，卷我屋上三重茅”(杜甫《茅屋为秋风所破歌》)，“见说去年秋潦后，更无茅屋起炊烟”(周弼《南楼怀古五首其五》)……

这些诗句中的场圃、柴门、倚松、近水、梅花香、雪深等，充满着恬静自然的田园风光与山野情趣；而秋风破茅屋、秋潦断炊烟则寄托了无数山人面对天灾与人祸的无限悲苦之情。

人们常用“上坡坡碰头，下坡坡擦背”来形容武陵山的陡峭，还用“山下开桃花，山上飘雪花”来形容武陵山的落差。山峦丛聚之间，更有谷壑幽深，溪涧奔泻。因此，山人于此安家落户、结庐人境，除了垒土砌石，主要的举措还有伐木撑杈履枯草、依山傍水建茅屋。民谣云：“吃的洋芋果，烤的转转火，住的合掌棚，睡的壳叶窝……”和“当头草几重，落脚柱千根，风来风扫地，月出月点灯……”这里所言的“合掌棚”“壳叶窝”“草几重”“柱千根”，显然是指山人离开原始时代的大树杈后，年复一年、代复一代用茅草遮雨、凭竹篱挡风的棚居。

茅草棚屋，因材料的采集比较容易，不用花费太多的钱财，又勉强能够遮风避雨，因此被穷苦的山民大量建造。这里所说的茅草，包括野生的丝茅草、芦苇茎、野竹丛或各种树皮，也包括收割后的稻草、麦草与苞谷梗等。所谓“合掌棚”，就是砍来树木两手相合，一般搭成“八”字形的支架，然后分脊覆盖茅草，四围编成篱壁。其结构方式以单层为主，亦有少量两层的茅顶土屋。建筑外形有圆形、矩形或六角形、八角形等。壁体除了编竹为篱外，还有土墙、砖墙、杉树皮与木板壁。较为复杂的棚屋内还附有柱梁框架，屋面则是在木檩与椽子之上覆盖茅草的坡屋顶。

明清时期，武陵土家人的房屋多为木质结构，早先土司王严禁土民盖瓦，只许盖杉树皮与茅草，叫“只许买马，不准盖瓦”。一直到清改土归流后，普通民居才渐渐兴起垒窑、烧瓦、盖瓦。因此，武陵山区在大量兴建木雕回廊的吊脚楼之后，茅屋草棚仍是其主要的外形特色。

茅屋形态的棚居建筑，如同武陵乡野间一面发出古铜色光斑的镜子，在竹树环合、清溪萦绕间，历数土家山民冷暖交替的人居岁月；又像一位饱经风霜、银髯飘飞的老者，清瘦、纯朴、敦厚且孤独落寞地置身于山壑草野的稻浪麦涛间，怡然面对着眼前的花开花落、草生草死。

原始茅屋的寿命一般在十年左右，到了第三年或第四年，草料开始霉烂，逢大雨还会漏雨，所以需要经常修补。茅草屋最大的特点是通风透气的性能好，冬暖夏凉；最大的缺点是天然的草木不利于防火，容易焚毁。

原始的茅屋纯粹用竹竿和茅草建成，屋顶很低。后来的茅屋逐渐增加了土墙(用茅草和泥土混合构筑)。屋顶的竹竿与竹竿间用麻绳或藤条捆绑，茅草片的固定也采用麻绳和藤条固定起来，使之变得结实耐用。

茅草容易腐烂生虫，容易被风掀走，但聪慧的山民不断改进茅屋的选材和工艺。如采用质地优良的野竹竿或阔叶草将其牢牢编织以增强抗风性能，对茅草进行防腐防虫处理以延长茅屋的寿命。

茅草屋的基础结构很多，如黄泥巴墙顶盖茅草、木扇子结构搭建屋顶盖茅草等，这些结构的茅屋均显得特别原始。

现今，武陵山区一些高端的乡间别墅、度假村、“农家乐”餐饮店，所建茅屋追求的不仅仅是原始古朴，更多的是崇尚返璞归真、点缀造景，因此对茅屋的建造非常讲究，注重将美学、空间应用、环境艺术与灵感融为一体。这类茅屋的结构，一般采用防腐木或轻钢结构的框架，或者干脆用水泥浇灌墙体与屋面，再铺盖上天然茅草或仿真人造茅草加以装饰。

茅屋草庐情自酣。棚居这类传统的建筑样式，不仅仅是一类物质层面的文化结晶，也包含着民族的与全人类的精神内蕴。

聚落，是指人类因某种关系聚居在一起的所在，即居民点。一切可称为聚落的居民点，

恩施大峡谷风景区上演的土家人生活情景剧

是我们考察包含山居在内的民居环境的基本单元。

聚落，由若干互为依存的建筑体构成，它包括建筑体的竹木、石头、茅草、砖泥等建构材料，这些材料，是聚落基本的物质要素，此外，也包括与居住有关的道路、绿地、水源、畜圈、炊具、卧具、劳动工具等其他生活生产所需器具设施。聚落的规模越大，其物质构成的要素就越复杂。

村寨型聚落，也叫村落、村庄、村寨、寨子等，原本是人类聚落发展的一种低级形式，其成员以农耕为主要就业方式和谋生手段，食宿与劳作相对集中，由成员的居住房屋构成大大小小的建筑群，或依山，或傍水，大体上可分为团聚式块状聚落和散漫式点状聚落两类。

纵观中华民族的社会发展史，早在原始直立人到智人的转变时期，古人就开始由“石穴树杈筑草窠，生儿育女避风寒”渐进为构木为巢、聚村而居。

宣恩彭家寨吊脚楼

团聚式块状聚落——宣恩彭家寨

从西安半坡、宝鸡北首岭、邠县下孟村、华县泉护村、陕县庙底沟、洛阳王湾、郑州大河村、淅川下王岗等黄河流域的仰韶文化遗址中可见，母系氏族村落的历史由来已久，有一个相当长的繁荣发展时期。特别是半坡、姜寨等处遗址，村落布局已经初具规模，居所构筑的遗迹较为完整。

鄂、渝、湘、黔毗邻的武陵山区，虽然可供考古的聚落遗址不多，但通过若干民间传说加上古籍记载，我们隐约可以窥见原始人于此生息繁衍并形成聚落的悠悠背影。如湖北长阳紧傍清江的香炉石，即发掘出多层次的古人类聚居用具一类遗存，一度被某些考古专家认定为“廪君于是君乎夷城，四姓皆臣之”（《世本·氏姓篇》语）的古夷城。清江上游恩施市郊的巴公山、蛮王寨、女儿寨以及花枝山烧城遗址、大龙潭明城遗址等处，既有“巴大棚王世葬于此，历年虽多，垒垒可辨”（《恩施县志·古迹》）的记载，又有古人居住过的洞穴、便道、墙基、柱础等物质遗存，估计也是古代巴人迁徙途中的聚落之所。

“武陵人捕鱼为业”（顾彩《容美纪游》）

如果向前推断到更远的 200 万年前，三峡两岸的“建始人”“巫山人”以及 20 万年前的“长阳人”，他们虽然在洞穴里或土层中留下了大量牙骨化石、下颌骨化石（亦有石器、骨器等生活器具），但其居住形态能否算得上聚落，目前还难以定论。

聚落分为乡村聚落和城市聚落，人类先有乡村聚落，后有城市聚落，一般而言，城市是由乡村发展而来的。

以农业为主要经济活动的聚落称为“乡村聚落”，是以人类血缘关系为纽带而形成的一种聚族而居的村落雏形。以自然村落的血缘关系、家族关系、邻里关系为繁衍基因，逐渐产生出能反映各村落群体意识的传统文化。这类文化，是地域民族文化中原始的细胞，它负载着民族的历史记忆，汇聚着人类生产与生活的智慧，维系着国家社会文明的根系，并寄托着中华各民族儿女沉甸甸的祖宗情结与乡愁。

乡村聚落，是指在乡村范围内经历了一定历史阶段的人口聚居地，它存在于一定的自然和社会环境中，它的演化不仅受到自然条件（地形、气候、水源）的影响，还受到社会经济条件（生产方式、生产力水平）和文化环境（风俗习惯、文化背景）等因素的影响。生产力水平，制约着乡村聚落的发展规模和空间结构。

武陵土家的吊脚楼多为聚落式村寨，这是因为巴人在长期的迁徙过程中始终保留着较浓厚的氏族组织形式，社会组织自然松散。这些因血缘关系聚居在一起的土家族或多民族的寨子，往往在形成大的建筑群落时便以氏族、姓氏命名。

土家族爱群居，爱住吊脚木楼。吊脚楼建筑多是以村寨成片建造，很少单家独户。所建房屋多为木结构或木石结构，小青瓦，花格窗，司檐悬空，木栏扶手，走马转角，古香古色。一般家庭都有小庭院，院前有篱笆，院后有竹林，青石板铺路，刨木板装壁，松明照亮，一家人过着日出而作、日落而息的田园宁静生活。这些原色原味、素面朝天的建筑风格，远远不像侗家寨子那样精雕细刻，而是在粗放的基础上，充分体现土家人务实、豪放、率真的性格，具有很强的实用性。

小青瓦，花格窗，司檐悬空，木栏扶手，走马转角（彭晓云/摄影）

如今的土家族吊脚楼居所，大多属于木质结构，一般是“左青龙，右白虎，前朱雀，后玄武”。依山的吊脚楼，在平地上用木柱撑起分上下两层。上层通风、干燥、防潮，是居室；下层是牛栏猪圈，或用来堆放杂物。房屋规模一般人家为一栋四排扇三间屋或六排扇五间屋，中等人家五柱二骑、五柱四骑，大户人家则七柱四骑、四合天井大院。四排扇三间屋结构的房屋，中间为堂屋，左右两边称为“饶间”，用作居住、做饭。其间以中柱为界分为两半，前面作火炕，后面作卧室。吊脚楼上有绕楼的曲廊，曲廊还配有栏杆。从前的吊脚楼一般以茅草或杉树皮盖顶，也有用石板当盖顶的，现在鄂西的吊脚楼多用泥瓦覆盖。

土家族吊脚楼建筑与西方建筑的完美结合——利川大水井庄园(陈小林/摄影)

一衣带水，武陵同源——重庆黔江濯水吊脚楼古镇

吊脚楼的建造是土家人生活中的一件大事。第一步要备齐木料，土家人称“伐青山”，一般选椿树或梓树，椿、梓因谐音“春”“子”而吉祥，意为春常在，子孙旺；第二步是加工大梁及柱料，称为“架大码”，在梁上还要画上八卦、太极图、荷花莲子等图案；第三道工序叫“排扇”，即把加工好的梁柱接上榫头，排成木扇；第四步是“立屋”，主人选黄道吉日，请众乡邻帮忙，上梁前要祭梁，然后众人齐心协力将一排排木扇竖起。立屋之后便是钉椽搁、盖瓦片、装板壁。富裕人家还要在屋顶上装饰向天飞檐，在廊洞下雕龙画凤，装饰阳台木护栏。土家人都喜欢在屋前屋后栽花种草，培植各种果树，但是“前不栽桑，后不种桃”(因“桑”与“丧”、“桃”与“逃”谐音，不吉利)。吊脚楼有很多好处，它高悬地面，既通风干燥，又能防毒蛇、野兽，楼板下还可堆放杂物。吊脚楼具有鲜明的民族特色，优雅的“司檐”和宽绰的走廊阳台使吊脚楼自成一格。这类吊脚楼和原始“干栏”相比，摆脱了原始性，具有较高的文化层次，被称为巴楚文化的“活化石”。

在今鄂西南与湘西大山，土家族吊脚楼一般为横排四扇三间、三柱六骑或五柱六骑，中间为堂屋，供历代祖先神龛或牌位，是家族祭祀的核心。根据地形，吊脚楼分半截吊、半边吊、双手推车两翼吊、吊钥匙头、曲尺吊、临水吊、跨峡过洞吊等。一般来说，富裕人家均要雕梁画栋，檐角高翘，石级盘绕，大有空中楼阁的诗画之意境。

土家族吊脚楼这种干栏建筑，是武陵大山的一种民族地理音符，依山傍水，竖柱横梁，干栏悬空，瓦接椽连，飞檐翘角，阳台对望，重原色，重自然，总是寻求一种山水共享、和谐共处的自然之道，极有可能是从早期人民在森林中“构木为巢”的栖居方式中得到启发，居室就地取材（以原木的树干为主要材料，兼及枝、叶、皮等），能够踞高避险（防虫、防兽、防潮），从而表达出亲近自然、敬畏自然的群体意识。

利川文斗郁江边上的古民居（陈小林/摄影）

乡村吊脚楼的回归——鹤峰下坪的周家院子

建筑，是时代的一面镜子，是民族特性的反映。吊脚楼是武陵大山的史诗，具有浓厚的民族特色。除了土家族，还有苗族、侗族、彝族、羌族，当然也有汉族，各民族建筑风格在这里一直沿用，是中华民族建筑宝库的瑰宝。

土家人的秋收冬播（陈小林/摄影）

著名建筑学家张良皋先生说，吊脚楼宜山、宜水、宜平地，是现代化的生态房屋，在向全人类昭示一种绿色的生活方式；吊脚楼为节约土地、保护自然生态做出了卓越贡献。这种武陵地区的“人世仙居”不仅属于过去，而且属于现在和未来；不仅属于武陵，而且属于全世界。

《武陵山居古今谈》——下篇：仙居吊脚楼

武陵大山，有乌江、清江、沅江、澧水及其大量支流四向辐射，蜿蜒的流水把崇山峻岭切割成无数山湾。这些山湾，溪瀑如注，水量丰富，土地肥沃，树木丛生，多是巴人后裔们日出而作、日落而息的生息繁衍之所。正如著名的土家歌曲《山路十八弯》所吟唱的那样："十八弯，弯出了土家人的金银寨；九连环，连出了土家人的珠宝滩……十八弯啊，九连环，弯弯环环，环环弯弯，都绕着土家人的水和山。"

行走在武陵山曲曲折折的山路上，你随时会有一种"山重水复疑无路，柳暗花明又一村"的感受。千百年来，那些村庄，多是错错落落的吊脚楼群。有的既傍水又依山，有的或傍水或依山，竹树环合，曲径通幽，走马转角，檐牙高啄，宁静、含蓄、严谨，层次井然，空气清新，富有仙居特色。

若干吊脚楼建筑组合成吊脚楼群，土家人称为"寨子"（有些地方也叫"棚"）；若干吊脚楼群的寨子，又顺着河道或山路连缀成葫芦串。隔得近的寨子与寨子间鸡犬相闻，隔得稍远的寨子虽绕山绕水，但均有小路或水道相连。十里、二十里以内的寨子均可称为"邻里"。若一家有婚嫁丧葬之类红白喜事，可由长者召集众人，各寨人很快会聚于一处，吹吹打打，忙里忙外，帮助主人家顺顺当当地处理完相关事宜。所谓"一家有事百家忙""一家有喜百家乐""一家有孝百家哀""人死饭甑开，不请各自来"，形成了土家人代代沿袭的乡规民约。俗话说"远亲不如近邻"，鸡犬相闻邻里亲，武陵土家人的邻里关系一般情况下都相当和谐。

土家人的吊脚楼寨子，多是顺河道连成一大串。如宣恩县沙道沟镇的布袋溪，就连接着若干单栋的吊脚木楼或吊脚楼群。沙道沟紧傍湖南龙山县、桑植县的龙潭河，在较短的距离内串起覃家坪、袁家寨、符家寨、汪家寨、何家寨、彭家寨、曾家寨、罗家寨、徐家寨、梁家湾等十多个吊脚楼群，如同一串优雅而浪漫的音符。其中，彭家寨吊脚楼群占地面积近 4 万平方米，建筑面积达 13000 平方米，是目前发现的鄂西南恩施州境内最大的吊脚楼群。从这些吊脚楼群的名称可见，每一个吊脚楼群的居民大体上同宗同姓，这说明宗亲血缘关系是武陵土家族形成聚落的主要纽带。

有些地方也称吊脚楼群的聚落为"棚"，如恩施市石灰窑包括邻近的宣恩县椿木营乡部分地区，在清朝时总称为"十个棚"。这里的"棚"，不是单指棚居式的房屋，而是指若干房屋的聚落点，如张家棚、曹家棚、李家棚、曾家棚、洗脂棚、头棚、幺棚，等等。据说这些"棚"是明末清初大移民时从洞庭湖滨、江汉平原等地进山的诸姓氏移民所建（老百姓称之为"进山公公"），建造风格多是就地取材，入乡随俗，利用丰富的森林资源建造成以吊脚楼为主的大大小小的木楼。

也许与军队驻扎相关，若干"棚"亦可连片为"营"，如"中营""火烧营""打火营""椿木营""黄柏营""坪坝营"等，久而久之就成了地名。

长期以来养成的居住习惯和建筑文化，是识别一个民族的重要标尺。竖柱横梁的吊脚楼这类干栏式建筑，成了武陵土家人一种特殊的建筑符号，也构成了整个中华民族建筑宝库

深山烟火——宣恩椿木营杉坨村土家族吊脚楼

中的瑰宝。

当然，除了专供族人与家庭成员居住的楼房外，还有与当地居民息息相关的庙宇、祠堂、戏楼、磨房、栈房、集市、书院、学馆、骡马店、裁缝铺、铁匠铺、商铺、饭铺酒楼、风雨凉桥、古道、古渡口等，它们也多为全木结构或木石混合结构的建筑，上覆树皮、茅草或瓦片与土家族吊脚楼相互配合。这些建筑，一并构成了武陵山土家族的古风盎然的村庄聚落。

鄂西南的宣恩、咸丰、来凤、鹤峰等县，土家族吊脚楼特别多。咸丰县更是有“干栏之乡”的美誉，大片大片的单体吊脚楼，主要分布于水杉坪、五谷坪、巴西坝、白水坝、马河坝、当门坝、王母洞、蛇盘溪、四大坝、龙坪、水坝、晓溪、大村、小村等地。而著名的吊脚楼群落，当属刘家大院吊脚楼群、王母洞吊脚楼群。来凤县的吊脚楼主要是大河乡五道水的徐家寨、百福司舍米湖村寨的吊脚楼群，那里古木参天，植被良好，层层梯田或绿浪滚滚或金光闪闪，吊脚楼群宛如大地鼓起的风帆，灵动飘逸。宣恩县的吊脚楼，多集中在沙道沟镇布袋溪与龙潭河沿线，如点缀在山水之间的明珠，非常完整。鹤峰县的吊脚楼主要集中在下坪乡留驾司、中营镇北佳坪一带。另外，还有利川市的全家坝、鱼木寨等地，吊脚楼形式与村落布局也较为完整。湖南省西部的龙山、永顺、古丈以及张家界市，传统的土家族吊脚楼也常常是“路转溪桥忽现”。湖南吉首、凤凰、泸溪等地的吊脚楼与贵州铜仁境内的吊脚楼，兼具土家族、苗族、彝族、傣族等多民族风格。

利川凉雾向阳老街土家族吊脚楼(周兴/摄影)

武陵地区土家族吊脚楼,主要分布在湖北省恩施土家族苗族自治州、湖南省湘西土家族苗族自治州和张家界市。此外,重庆市的石柱、酉阳、黔江、彭水、秀山等地也有分布。

土家族聚居地区,山脉环绕,物产丰饶,有着雄奇的自然风光和浓郁的民族风情,其山居风格,吸引大量中外游人。

土家人尊崇自然,无论是建造人居的处所,还有构筑神祇的归宿,均在寻求一种山水共享、和谐共处的自然之道。土家族吊脚楼建造选址多依山顺势,讲究水源,建筑风格不太讲究对称,活泼而富于变化,不如侗族建筑那样稳重而规矩。厢房做“龛子”相围,吊脚楼轻快飞扬,千楼有别,组合上亦不拘一格,是土家人崇尚自由的性格特征在建筑中的反映。吊脚楼这类建筑符号,朴素而又鲜明地体现出因地制宜、就地取材之道,充分表现出武陵山人对自然的敬畏及热爱之情。

土家族吊脚楼,尤其具有深厚的文化内涵。其民居建筑除体现依势而建的自然观念以外,还体现出空间宇宙化观念。在土家人心目中,吊脚楼和宇宙是相辅相成的,它们分别是人生的小环境和大环境,这种容纳宇宙的空间观念,在土家族上梁仪式歌中表现得十分明显,如“上一步,望宝梁,一轮太极在中央,一元行始呈瑞祥。上二步,喜洋洋,‘乾坤’二字在两旁,日月成双永世享……”这里的“乾坤”与“日月”,就代表着大宇宙。从某种意义上来说,土家族吊脚楼在主观上与宇宙更加接近,从而使房屋、人与宇宙浑然一体,密不可分。

总之，武陵土家族吊脚楼，不论是外形还是内部结构，都呈现出恰到好处的比例关系，具备分层次的变化有序的对称，具备静中见动、动态趋向统一的灵巧多变的均衡感。这种动态性、多层次的高水平对称均衡，赋予吊脚楼美的形态，体现出超拔、风雅和流畅的形体风格，具有超越视觉的特异品质，无论远眺近览，还是平视仰瞻，那些建筑优美的形体线条，总给人一种"淡妆浓抹总相宜"的美感，使人赏心难敛，欲罢不能。正如恩施土家民间文人所感叹：

背山占崖面幽谷，远眺近观皆自如。

吊脚楼堂清风爽，人世仙居风景殊。

当然，作为聚落载体的土家族吊脚楼群，是建筑对武陵山居历史沿革的一种追溯。时至今日，武陵山的民居，无论是其外在形式、规模，还是其内在含蕴与时代走向，均发生了较大变化。

一方面，武陵山居人家建筑的材料，由传统的竹木、茅草、泥土、砖石等，变为以钢筋混凝土为主，外加金属、油漆、瓷砖、玻璃、化学纤维品等装潢材料。乡村建筑城市化、一体化、现代化日益显著，吊脚楼仅有一些局部性的文化符号仍被或多或少地沿袭。

另一方面，随着人口文化素质的提升，随着年轻一代赶时髦欲求的不断激增，随着大量农民进城务工的大潮势不可挡，山区人口迅速向城镇乃至大都市流动。原有的大量山地居民点，也逐步由村寨集中到乡镇，由乡镇转移到城市，传统的山地村寨型聚落方式，包括吊脚楼风格，有一种渐行渐远的趋势。在这种情况下，不少高山远村一度变得清冷寂寥起来，传统山居的氛围逐渐消隐。

但最近几年，亦有一些都市人，特别是年事渐高离职赋闲者，希望远离城市车马喧嚣的烦躁，向往祥和宁静的乡村生活，向往生态富丽的山居图景。在这种情况下，回归传统，纵谈山居，包括重新讨论原始古村寨的历史沿革、聚落特色、生态环境、建筑样式、习俗人情、人际交往、生活情趣、人文追求等，无疑具有别开生面的现实意义。

生生不息的土家族吊脚楼（陈小林/摄影）

吊脚楼，是恩施土家人的仙居。

恩施土家族吊脚楼，满目的峰丛与田畴取代了无数长街与高楼，缤纷的红花与绿树取代了滚滚的人浪与车流，虫鸣鸟唱，溪泉清亮，曲径通幽，丛林无边，平畴庄稼肥美，坡地果药飘香。偶有村中男女或负篓荷担或驾着摩托与你相遇，无论是否认识，他们均会致以热情的问候，均会邀你阶前小叙并以烟茶果糖之类相敬。

庄户人家的茅檐不再低小，炊烟不再弥漫，一幢一幢的墅质砖房多有围栏环护，白墙彩柱装饰油漆门窗。手机电脑，信息畅达；电视冰箱，琳琅纷呈；沙发、桌凳、床柜等各置其所，纵然独处幽室，亦能揽世界风云于襟怀。

晴空碧蓝如洗，夜月明亮如炬，惠风爽畅甜美，星星似能一颗一颗地捻摘。纵有不期而至的流云和阵雨，也是来得轻捷，去得干脆，阵阵清凉，给人以素洁和舒适、洒脱和浪漫之感。

恩施土家族吊脚楼，散居户、村庄与乡镇间的路面多已硬化，晴天不扬尘，雨天不沾泥，或步行或乘车，往来自如。夜晚更有一盏一盏太阳能彩灯顺着道路延伸，光影迷离，为乡村增添了五彩缤纷的诗意。

吊脚楼里的土家宴（陈小林/摄影）

城居的噪声与燥热悄然退去，城市的繁忙与竞争荡然无存，冷嘲热讽、趋炎附势、油腔滑调、追名逐利……在和平宁静的乡村很难觅得踪迹。

有青山绿水，有佳肴美味，有纯朴乡民伴你搜拣古今，有琴棋书画供你张扬志趣。且有村中儒者家藏万卷诗书、千盅陈酿、百宗古玩或数十种珍稀器乐，伴你共话史学、诗学、绘画、音乐、书法、楹联等，山人的大雅，或许令你方信“始知世上客，不如山中人”。是的，居农家庭院，伴松竹之声，听素衣村姑用胡琴演奏《江河水》《二泉映月》《扬鞭催马运粮忙》等名曲或边拉边唱本地山民歌，看苍颜鹤发的农民大师表演原汁原味的三梆鼓、三句半、皮影戏、傩戏、渔鼓、莲香舞、狮舞、龙灯，或听他们讲述遥远得不可捉摸的故事，你也许会立刻泪眼婆娑，如痴如醉；看白发老者铺开宣纸挥毫泼墨，或作画，或题咏，你方信真正的艺术不在闹市，而深藏于情韵酣畅的吊脚楼胜境之中！

面对恩施土家族吊脚楼，我们仍然会时时陷入对过去、对未来的绵长幽思。眼下的山居景观，深潜于武陵大山。溪瀑崖壁，修竹茂林，古陌荒阡，会随时提醒我们：这山这水，曾经是古代巴人迁徙流离之所，曾经是羁縻州县鞭长莫及之野，曾经是土司割据兵荒马乱之地，曾经是野兽出没、匪患为祸之境。空间未曾变换，而时间已翻过去若干册页。古往今来，这深山老林也发生了巨大变化，尔后，还将继续铺展更新更美的图画。

那么，武陵山乡的吊脚楼走向，究竟会通往何方？

是回归原始、荒野、寂寥与人迹罕至的偏隅吗？

是走向千篇一律的城镇化、都市化吗？

还是让水、电、路、网等设施与文明礼仪之风交汇，一并铺设成当代桃花源的浪漫仙界呢？

穿越时空的踪迹

武陵山区是以土家族、苗族为主的多民族聚居区，遍布山水之间的土家族吊脚楼，是这个地域民居的标志，行走乡野，举目可见。

岁月不居，沧海桑田。随着现代化的进程，土家族吊脚楼逐渐衰退锐减，被快捷高效、工艺先进的现代建筑所取代。钢筋、水泥、混凝土，以及白墙、青瓦、玻璃窗，替代了风靡数百年的吊脚楼。在恩施土家族苗族自治州北边的利川和南边的咸丰、宣恩、鹤峰等县市，公路沿线几乎全部是现代建筑，已经很难看到保存完好的吊脚楼，即使偶尔见到，要么破壁残瓦，要么气息凋敝。若是非得见其真容，唯有请当地人带路，才能在深山中找到一些零星散落的吊脚楼，而且早已人去楼空。

曾经让土家人引以为傲的吊脚楼，为何如此落寞？究其原因，无外乎两点：其一，以木质结构为主体的建筑，能延续 300 年以上者当属不易；其二，建筑材料的优化和现代工艺的综合运用，更迎合人们的现代生活需求。

无论岁月怎样碾压，文化的韧劲依然不衰。仍有一些饱经风雨的吊脚楼顽强支撑，一路走到今天，古朴傲立，弥足珍贵。

鄂西南地区干栏式建筑遗存

木柱青瓦，飞檐干栏，桑麻鸡犬，别成世界。曾经在鄂西南土家族苗族聚居地区极为常见的干栏式建筑——土家族吊脚楼，如今成了让人珍视的“活化石”。

从 20 世纪 80 年代开始，著名建筑学家张良皋先生不远千里，多次来到恩施，老先生几乎走遍了利川、宣恩、鹤峰、咸丰、来凤的村村寨寨，考察了大大小小吊脚楼群几十个，撰写了改变土家族吊脚楼命运的专著《武陵土家》，此书一经出版，使鄂西南地区干栏式建筑得以惊艳亮相世界。从那时开始，土家族吊脚楼这一建筑领域的“活化石”，开始被人们重新认识，并受到保护。

一、享誉全国的鄂西南“干栏之乡”

鄂西南地区的咸丰县，被誉为我国西南地区的“干栏之乡”。位于尖山乡(今唐崖镇)的唐崖土司城，始建于元朝至正十五年(1355 年)，鼎盛于明天启年间，废止于清雍正十三年(1735 年)改土归流，共历 16 代 18 位土司，总计 381 年。城址占地面积 74 万平方米，主要遗存有张王庙、荆南雄镇牌坊、衙署、大寺堂、土司墓、采石场、营房、桥上桥、院落、道路等。

唐崖土司城背倚玄武山，前临唐崖河，居民为自古定居于此的土家族族群。城内至今仍然保留着各式吊脚楼，其格局清晰，功能完备，保存也比较完整，是我国西南地区具有代表性的土司城址之一，对研究中国土司制度和土家族的历史文化具有重要价值。

经恩施州咸丰县人民的不懈努力，2006 年，唐崖土司城被国务院列为第六批全国重点文物保护单位。2015 年 7 月，在德国波恩召开的联合国教科文组织第 39 届世界遗产委员会会议上，唐崖土司城址成功列入《世界遗产名录》。

咸丰唐崖土司城遗址（龚永翔/航拍摄影）

由此，相关部门对咸丰县的土家族吊脚楼保护力度越来越大。

咸丰县甲马池镇新场村新场小学后院的蒋家花园大院，距今已有 100 多年的历史。蒋家花园占地总面积 4800 平方米，建筑面积也有 2920 平方米，其中房屋 129 间、天井 5 个、花园 2 个，现存房屋 94 间、天井 3 个、花园 1 个，整个建筑大气恢宏，既有北方汉子般的粗犷线条，细节处又透露出土家妹子般的细腻温婉、秀美。蒋家花园是鄂西南地区最大的标准对称性吊脚楼花园建筑，虽然穿越了历史的长河，今天人们依然能感受到它的显赫和威仪。

1949 年后，蒋家花园大院被用作学校、村委会……凡重大活动大都在这里举行，是村里的政治文化中心。咸丰县蒋家花园吊脚楼遗存已于 2008 年列入湖北省文物保护单位。

享有"干栏之乡"美誉的咸丰县，有大小吊脚楼群百余个，是"中国土家族吊脚楼第一乡"，但百年以上的吊脚楼遗存已是屈指可数。

咸丰县的吊脚楼群遗存，年代大多靠近 20 世纪初期，然而建造技艺仍不乏繁杂精巧，同样是上木下石结构，即上覆青瓦、下垫基石，造型上有"一字屋""钥匙头""撮箕口""四合水"等，尽显武陵山区土家地域建筑特色。目前已入选第一批国家传统工艺振兴目录、第三批国家级非物质文化遗产保护名录。

咸丰蒋家花园吊脚楼——平吊式四合院内(宋海燕/摄影)

二、鄂西南最大的干栏建筑群——宣恩彭家寨

未了武陵今世缘，
贫年策杖觅桃源。
人间幸有彭家寨，
楼阁峥嵘住地仙。

——张良皋

彭家寨位于武陵山北麓，湖北恩施土家族苗族自治州宣恩县沙道沟镇。全寨子有50多户人家近300口人，一个寨子的人几乎都姓彭，均属土家族。彭家寨背靠大山，前临小河，整个寨子错落有致，让人一见倾心。

据考，彭家寨是典型的鄂西南土家族吊脚楼群落，距今已有200多年历史，因其幽居深山，交通闭塞，虽年代久远，但是寨子整体保存完好。步入寨子，但见各式各样的土家族吊脚楼鳞次排开，其中有一幢四层撮箕口吊脚楼蔚为壮观。著名建筑学家张良皋先生足迹遍布整个武陵山区，尽览大小干栏建筑群，唯有见到彭家寨时，老先生眼前一亮，激动不已，拍照撰文，吟诗作赋，并认定它是湖北省古吊脚楼群的“头号种子选手”。

宣恩彭家寨里的四层撮箕口吊脚楼

三、西式建筑与中式干栏的完美合璧——利川大水井

在恩施土家族苗族自治州利川市柏杨镇，一个占地6000多平方米的古建筑群落，因其院内有一口高墙环抱、井底幽深的水井，由此得名“大水井”。

大水井的建筑风格，凸显出中西合璧。整个群落由李氏宗祠、李氏庄园和李盖五宅院三部分构成。西式建筑以白色为基准色，宏伟、华丽，而土家干栏式建筑相拥左右，飞檐雕花，窗格精巧，立柱穿梁高度吻合，是典型的土家族建筑特色“一柱六梁”“一柱九梁”“走马转角楼”建筑格局，至今在古建筑行业被人推崇和借鉴。

细细探究就会发现，大水井群落的房屋构建技艺十分精湛，彰显了土家建筑师傅和民间工匠的杰出才华，其建筑工艺水准可谓登峰造极。中西结合的群落建筑，占地4000多平方米、多达174间房屋，全部采用木骨架构，无一颗铁钉。走进院落，只见院内九曲回廊，彩檐环顾，洋房干栏既相互依衬，又独显迥异，令人叹为观止。在中国古建筑的大家庭中，利川大水井理应有一席之地。

这座古建筑群落始建于明末清初，距今已有300多年的历史，是长江中下游地区规模最大、保存较好的古建筑群，它穿越历史时空，是西方建筑与土家建筑特色完美结合的典范，具有很高的文化艺术价值和史学价值。目前，利川大水井古建筑群落已经成为珍贵的国家文化遗产。

利川大水井古建筑群落鸟瞰图(陈小林/摄影)

四、容美古桃源里的干栏式建筑遗存

恩施土家族苗族自治州鹤峰县有着悠久的土司历史文化，清雍正皇帝曾感叹“荆蜀各土司，唯容美最为富强”，容美即现在的鹤峰。

容美土司制度延续300多年，土家族吊脚楼群建筑曾是容美古桃源的一道风景。清朝

顾彩在《容美纪游》中描绘的屏山爵府、戏楼、南府等吊脚楼建筑群，随着改土归流的大势涤荡，如今只留下了一些残缺的石基石雕，这些石基石雕还是鹤峰申遗部门在近几年的保护发掘中发现的，昔日的土家建筑遗存洗净铅华，抖落历史风尘，呈现在世人面前，给世人留下"多少楼台烟雨中"的嗟叹。

昔日的桃花源里，土家干栏式建筑遗存仍然不少，只是年限大多在 100 年到 200 年之间。如位于容美镇大溪村的曹门寨子、五里乡红鱼村、老街红四军旧址等吊脚楼建筑群落，已被列为州级以上古建筑或红色文化、文物保护群落。

门础　　柱础（磉磴）

门础　　阶沿石

鹤峰容美土司屏山爵府遗存

容美土司遗址——鹤峰县五里乡南村

鹤峰容美土司屏山爵府遗址(何启发/摄影)

渝东南地区干栏式建筑遗存

武陵地区的干栏式建筑,无疑是这一区域的地缘特征和文化记忆。随着生产力的发展,特别是改革开放之后,当大量千篇一律的钢筋混凝土现代建筑替代吊脚楼的时候,武陵山区的地缘特征和文化记忆已经不像过去那样明显,甚至是很难寻觅。也就是说,木质结构的吊脚楼与钢筋水泥的建筑相比,更不容易保存,这也是现在干栏式建筑遗存较少的原因。

然而,文化的精髓一旦形成,就不会轻易消失,或者不可能消失。土家族吊脚楼这种古老的干栏式建筑,至今仍被不少包括苗族、侗族在内的西南地区少数民族人民使用。

渝东南地区的干栏式建筑遗存,同样证明了干栏式建筑的强大生命力。

一、小垭村的干栏式建筑发现

2009 年 3 月,重庆市文物考古部门在渝东南地区发现典型的少数民族吊脚楼遗存,这幢吊脚楼位于重庆市渝东南地区的彭水县鹿角镇小垭村,房屋相对独立,整个平面结构呈曲尺形,属于悬山、歇山结合、穿斗式梁架木结构,楼上栏杆前绕,楼宇拔地横空。

经考古专家测量,楼宇内厅房面阔 16 米、进深 8 米、通高 6 米,侧房面阔 8 米、进深 6 米、通高 7 米。其一正一横,连接自然流畅,整体精美壮观,是典型的渝东南地区少数民族吊脚楼家居形式。

二、濯水古镇

位于重庆市黔江区阿蓬江畔的濯水古镇,有着 4000 年的悠久历史,因其独特的地理位置,这里的码头文化、商贾文化、场镇文化经久不衰,它与酉阳县的龙潭古镇、龚滩古镇并称为“酉阳三大名镇”。

濯水古镇位于以土家族和苗族为主要居住民族的武陵山区，也是一个多民族的聚居区。除了土家族和苗族文化，巴楚文化、大溪文化和汉族文化也在这里相融。

沧海悠悠，风雨沥沥。扎根古镇老街两旁错落有致的吊脚楼、四合院、学堂等风韵依旧，200 多年前建造在阿蓬江河堤上的土家族吊脚楼屹立不倒。封火墙的笔画，精美的木雕窗花、石雕磉墩，将土家族吊脚楼和徽派建筑的艺术风格完美融合，伴随楼旁的青石板街，成就了古镇多元民族文化的艺术特征。

濯水古镇兴起于唐朝，宋朝时达到鼎盛，随着水运交通被陆路交通替代，古镇的辉煌开始逐渐衰落。然而，古老的石板街，商号、会馆、古民居等木质古建筑等历史文化遗存，虽然经历了数千年，仍然保存较为完整。

濯水古镇游客中心入口门牌

整旧如旧的濯水古镇土家族吊脚楼

濯水古镇苗族吊脚楼建筑

阿蓬江从濯水古镇穿镇而过

濯水古镇土家族吊脚楼一条街

濯水古镇吊脚楼穿越时空的踪迹

土家族吊脚楼探秘

一、由巢居、崖洞到干栏式建筑

广厦万千,源自巢穴。在漫漫历史长河中,房屋建筑伴随着人类社会的生产生活一路走来,因地域和文化的不同,形成了各自的风格流派。然而,其初期则是大同小异,都经历了从天然洞穴到使用树枝和石块搭建窝巢棚穴安歇将息、防御野兽侵袭的发展过程,干栏式建筑——土家族吊脚楼也不例外。

木檐青瓦是土家族吊脚楼的标志

武陵地区土家族吊脚楼建筑考古——宣恩彭家寨

中央电视台曾播出的一期《人与自然》节目,讲述的是非洲丛林里大猩猩的生活:太阳西沉,霞光满天,一只大猩猩妈妈背着孩子,爬上一棵大树,掰下绿叶葱茏的树枝,在枝桠间搭造了一个平台状的窝巢，然后跟孩子一道躺下来，舒适地享受着自己的劳动成果。

这便是它们晚上的住所。不远处的树上，好几种鸟的窝巢，掩映在枝叶间，陪伴着它们。

这些住所虽然很简陋，但是建造技术娴熟，过程简单快捷，不需费太多周折与心血，也不用拿一生的时光去守候，今晚用来居住，明天交还自然。

茫茫远古，这是人类一路走来的起点。

从原始的洞穴棚屋到现代的摩天大楼，跟人类生活息息相关的庇护所，在绵延千万年的历史长河中，不断演变发展。人类总是在不同自然环境、传统习俗、技术手段和建筑材料的保障和约束下，因势利导，因地制宜，创造出不同环境条件下不同风格特点的居所，以满足自身在不同历史时期、不同经济和社会发展水平下的生活所需。

大猩猩妈妈手工搭建的那个窝巢，已是建筑的雏形，只是还算不上真正意义上的建筑物。现代建筑物的定义，是指为了满足人类社会的需要，利用人类自己掌握的物质技术手段，在科学规律和美学法则的支配下，通过对空间的限定、组织而创造的人为的社会生活环境。千万年后，人类的居住方式早已发生了天翻地覆的变化，大猩猩妈妈搭造的那个窝巢却一直被深深植入一种建筑——干栏式巢居的基因里。

文献中的“巢居”，大体是指干栏式房屋。如《韩非子・五蠹》：“上古之世，人民少而禽兽众，人民不胜禽兽虫蛇，有圣人作，构木为巢，以避群害。”这种建筑形式，是以桩木为基础，构成高于地面的基座，以桩柱绑扎的方式立柱、架梁、盖顶，最终建造成半楼式建筑，它是巢居的继承和发展。

中国的巢居习俗流行时代，大约在旧石器时代早期，云南元谋人、山西西侯度人、陕西蓝田人等遗址均未见明显的洞穴居址，可能与当时的树巢居习惯有关。

恩施职院建筑系学生在彭家寨实习

巢居由于是发生在至少百万年以前的住居习俗，是一种依附于植物上的，并用植物枝干搭构而成的“居室”，故经历百万年以来的风雨灾变，事实上不可能留下真正的实物痕迹，考古学也无法考察其原貌。但从国外民族资料看，在几个世纪前的某些热带地区，如印度的萨姆地区的后进民族，便存在树居的习俗。这种现象表明，在人类的住居生活史中，巢居习俗是肯定存在的。中国境内的古代人类，也如古代学者推测的那样，曾存在过巢居习俗。

巢居在适应南方气候环境方面有显而易见的优势：远离湿地，远离虫蛇野兽侵袭，有利于通风散热，便于就地取材、就地建造等。巢居是我们祖先在适应环境方面的又一创造，原始社会的巢居、穴居在长期历史环境的变迁中受自然、社会、文化等多种条件的制约与影响。

早在50万年前的旧石器时代，中国原始人就已经知道利用天然的洞穴作为栖身之所，北京、辽宁、贵州、广东、湖北、浙江等地均发现原始人居住过的崖洞。

人类的祖先从树上下到地面，开始直立行走的时候，需要有一个地方停下来歇息，度过黑夜，防御黑暗里那些可知与不可知的威胁。能够直立行走，是人类的幸运，但刚刚站起来的人类，仍然是脆弱的，因为他们跟其他动物相比，还不具有多大的生存优势，还不能充分使用工具，也没有工具可用，寻求居住之所——天然洞穴便成为首选。

从树上摇摇晃晃的巢居，到"接地气"的穴居，也算是一大进步了。在今天的人们看来，那样简单的一种变化，却是一次革命性的变迁。

土家族吊脚楼的初期演变

大自然造化之功奇伟壮丽，雕琢出无数晶莹璀璨、奇异深幽的洞穴，展示了神秘的地下世界。在生产力水平极其低下的状况下，天然洞穴为人类的长期生存提供了最原始、最宜居的家。从早期人类的北京周口店山顶洞穴居遗址开始，原始人居住的天然岩洞在辽宁、贵州、广州、湖北、江西、江苏、浙江等地都有发现，可见穴居是当时的主要居住方式，它满足了原始人对生存的需求。

进入氏族社会以后，随着生产力水平的提高，房屋建筑开始出现。但是在环境适宜的地区，穴居依然是当地氏族部落主要的居住方式，只不过人工洞穴取代了天然洞穴，且形式日渐多样，更加适合人类的活动。例如，在黄河流域有广阔而丰厚的黄土层，土质均匀，含有石灰质，有壁立不易倒塌的特点，便于挖作洞穴。因此原始社会晚期，竖穴上覆盖草顶的穴居成为这一区域氏族部落广泛采用的一种居住方式。同时，在黄土沟壁上开挖横穴而成的窑洞式住宅，也在山西、甘肃、宁夏等地广泛出现，其平面多为圆形，和一般竖穴式穴居并无差别。山西还发现了"地坑式"窑洞遗址，即先在地面上挖出下沉式天井院，再在院壁上横向挖出窑洞，这是至今在河南等地仍被使用的一种窑洞。随着原始居民营建经验的不断积累和技术的提高，穴居逐步从竖穴发展到半穴居，最后又被地面建筑所代替。

分布在峡江地区的土家族，是远古巴人的后裔。远古的巴人，最初就是从"赤黑二穴"两个山洞里走出来的。

赤黑二穴在武落钟离山，武落钟离山是武落山与钟离山的合称。武落钟离山位于鄂西清江岸边，为土家族先民的发祥地。4000多年前，巴人首领廪君就诞生在这里。《后汉书》记载巴人祖先廪君："巴郡南郡蛮，本有五姓：巴氏、樊氏、晖（瞫）氏、相氏、郑氏。皆出于武落钟离山。其山有赤黑二穴，巴氏之子生于赤穴，四姓之子皆生黑穴。"赤穴可容上百人，石头含血色；黑穴可容几十人，终年无光线照射。据《后汉书》记载，巴人首领廪君从这里率部西进，开疆拓土，"君乎夷城"，并最终建立自己的诸侯国——巴国。

武落钟离山是土家族第一位部落首领廪君的故里，早被视为湘、鄂、川、黔等地土家人寻根祭祖的圣山，朝拜者络绎不绝。

土家族是一个古老而又年轻、充满神秘色彩的少数民族。生活在武陵地区的土家人，在漫长的历史长河中，"逐穴而居"，形成了独特的土家居住文化，其中，尤以天人合一、鲜为人知的穴居生活方式，仍在为我们现代生活中的文化多样性提供着生动的实例。

据湖北恩施利川市文物部门调查统计，仅谋道镇鱼木寨二仙岩一带的崖壁洞穴，中华人民共和国成立前就有住户120余户。中华人民共和国成立初期，这里仍有80余户住在崖洞，直到1984年以后，这些洞穴人家才陆续迁出，住进新房。

利川市的陈小林、覃太祥、杨伦智，相邀探访了位于渝东鄂西利川市长坪船头寨下的最后一座崖居——向家岩洞，并在《恩施晚报》上发表文章《巴人穴居最后的守望者》，记述了相关情况。

向家岩洞小地名叫新岩洞，岩洞屋的主人向必珍老人，已是向家在这岩洞屋内出生的第五代，他们家现在已经延续了八代人。相传，岩洞屋的基础原是一个深坑，洞顶飞流直下的泉水倒流，在洞内形成一个水潭，向氏的祖先到达支罗船头寨时，能居住的偏岩洞都住上了人，他们只好运来泥沙将深坑填平，在此建房定居。

利川小溪河崖居（陈小林/摄影）

利川谋道罗家崖居(陈小林/摄影)

利川鱼木寨崖居里的村民正在攀登悬崖“天梯”(陈小林/摄影)

利川长坪朝阳村崖居前的院坝(陈小林/摄影)

崖居老人(陈小林/摄影)

中华人民共和国成立后,随着生活方式的改变,人们渐渐搬出了岩洞屋,向必珍老人也在 20 世纪 70 年代搬出了新岩洞,但在新建的房屋中生活了近 20 年后,于 1989 年又搬回了新岩洞。

向必珍老人认为住岩洞好:一是冬暖夏凉;二是很少生病,可以长寿,在这岩洞内居住的,都活到了 80 多岁;三是安全,宅基牢固,不担心山洪冲垮房屋;四是便于存放粮食,特别是红苕,放在岩洞屋内不烂;五是取水方便,而且卫生,长年不干。老人说,我们不是因为贫困才住岩洞。

现在的新岩洞,已经融合了现代元素,用石英砂石条砌墙,钢筋混凝土现浇楼板。房中有电视,有新式家具,但也保留有原始味道,有石磨、风车、石水缸和蓑衣、斗笠,火塘上吊着梭堂钩和吊耳锅。

新岩洞这样的偏岩洞,是大自然恩赐给人类早期的居所。中华人民共和国成立后,政府为了改善村民居住条件,帮助船头寨上的穴居人家搬出岩洞,可向必珍一家在搬出 20 年后又搬回了他们世代居住的岩洞中,成为穴居巴人的最后守望者。

位于贵州省紫云县格凸河畔的中洞苗寨,被称为中国最后的"穴居部落"。这个"部落"生活在一个 100 多米宽、200 多米深的大型洞穴内,共有 18 户人家 73 个苗族人。距离紫云县城 30 多千米,距离贵阳约 161 千米。他们的先祖当年是为了躲避战乱,被迫才躲进了山中。在发现这个山洞并在此定居之后,他们的后代便世代居住在这里。虽然之后随着中华人民共和国的成立,当地政府也曾经建议住在这里的主人搬出去,但是在众多苗族人看来,生活在这里非常好,不仅冬暖夏凉,还可以远离城市的喧嚣。生活在这里的中洞苗家人,在此不断的繁衍生息,过着清贫的生活,却非常满足。

人类自诞生以来,历经猿人和智人阶段的演变,至 1 万年前后,人类新物种才完成了现代人的优化,进入原始母系氏族社会。

旧石器时代的猿人,以采集狩猎为主,过着逐水草而居的游牧生活,终年居无定所,所到之处,临时搭建住处,巢居是较有利、较便捷的选择。

人类从树上下到地面,住进洞穴,随着原始人群不断壮大,对居所的需求日益增加,天然洞穴自然就难以满足遮风避雨、防止野兽侵袭以及安身立命的需要。舟、筏也只能是临时性居所,或是一种居所的补充。这时候,人类的祖先开动脑筋,开始思考,并付诸实践,开始用树枝、石块搭建棚穴——也许是在居住洞穴的外侧加接,也许是离穴另择适宜地点,总之,房屋建筑应运而生了。

房屋建筑的诞生,让人们从地穴居住又来到地面居住,既有自己生活的专用空间,又融入广袤的自然环境之中,出则海阔天空,入则安稳温馨,不再像过去,居无定所,随遇而安,而已是心有所系,身有所依。拥有这样一个私人空间,真好!

新石器时代,中国已产生干栏式建筑。

在形式多样的干栏式建筑居所中,有一种以木桩为基础与平台上面的房屋扇架连为一体,结构更加稳固的木构建筑,因为三面悬空、柱子垂地,被称为"吊脚楼"。吊脚楼多用半楼居,即结合地形,半挖半填,干栏架空一半的方式。

吊脚楼建筑形式活泼,或临水依山,或居田傍谷,挑选上好木料,便支撑起一座座飞檐翘角、三面环廊的吊脚楼来,旁边饰以一篷修竹、几棵大树,温馨而有意境。这种楼,"吊"着几根八菱形、四方形刻有绣球或金瓜的悬柱,壁板漆得光亮光亮的,并嵌有花窗。花窗镂有"双凤朝阳""喜鹊恋梅"等图案,古朴而秀雅。

吊脚楼的妙处:一是防潮避湿,通风干爽;二是节约土地,造价较廉;三是依山傍水或靠着田坝而建的吊脚楼,悬柱之间往往留有一定的空地,可喂养家畜。

在人类居所漫长的发展历程中,不同地域、不同种族的人群,形成各具特色的居住形式和房屋建筑。影响和决定房屋建筑风格及功用的,主要是自然环境、物质条件、建造能力(生产力水平)和主观需求、文化理念,同一地域的民居建筑,即便是不同民族的建筑,也会因环境条件、物质基础的一致性,在建筑风格、房屋功用等方面大同小异。因此,区分民居建筑,当以地域环境论,而非简单地以族群论。比如,吊脚楼就是多个民族共同拥有的民居形式。

利川沙溪土家族撮箕口吊脚楼

利川沙溪土家族吊脚楼里的田角眼

土家族吊脚楼一般以三间四立帖或三间两偏厦为基础,一般分为三层,在二楼地基外架上悬空的走廊。正中间为堂屋,堂屋两侧的立帖要加柱,楼板加厚。因为这是家庭的主要活动空间,也是宴会宾客的场所。有少数人家在正对大门的板壁上安放有祖宗圣灵的神龛,神圣的家庭祭祖活动就在堂屋进行。

一般情况下,左右侧房作为卧室和客房。三楼多用来存放粮食和种子,是一家人的仓库。如果人口多,也装隔出住人的卧室。厨房安置在偏厦里。建筑的空间分割组合,以祖宗圣灵神龛所在的房间为核心,再向外延伸辐射。家庭成员在这样的空间组合下生活,无形中便被堂屋的空间引力所凝聚,从而为家庭的团结增强了亲和力。

外观　　干栏式　　厢房

三层吊脚楼

二、干栏式建筑及其基本特征

干栏式建筑自新石器时代至现代均有流行,主要分布于中国的长江流域以南以及东南亚,中国的内蒙古自治区、黑龙江省北部,俄罗斯西伯利亚和日本等地都有类似的建筑,其基本特征如下。

一是朝向。干栏式民居的朝向,主要取决于对采光、通风、取暖、避寒等的需要,也会因地势、风向甚至文化理念而定。不同地区、不同地势、不同位置、不同文化,都会使民居的朝向有所不同。

二是建筑基础。干栏式建筑凌空地坪的优点是可以减少地面的处理工作,而且满足了居宅防潮抗洪的实际需要,也解决了南方气温较高而需降温、通风的问题。

三是带横撑的梁架结构。建造干栏式建筑上部的空间,用柱和梁做成构架,来承托树木枝干结成的方格网状檩架的屋面,然后铺设茅草或树皮完成屋顶防雨遮阳的工程。这种以梁柱为主的构架结构技术是建筑技术上的一项重大发明,它奠定了传统木构建筑的基础。

平地建造的吊脚楼讲究对称

四是榫卯技术的应用。榫卯发明以后，特别是带梢钉孔榫应用以后，加强了梁柱的连接，凌空的干栏式建筑才能稳稳立住。企口技术是密接拼板的一种较高工艺，主要用于檐墙的墙体工程。

横撑梁架、榫卯构造是吊脚楼营造技艺的重大进步

五是装修工程的出现。干栏式建筑的装修内容，有室外走廊的栏杆安装、室内地坪平整处理、苇席铺设和进出口及室内中柱、横撑构件上的刻花装饰等。居宅装饰中最突出的，是竖立于屋脊上的鸟形器(也称“蝶形器”)，反映了当地人民爱鸟、崇鸟的习俗，那时他们就把居宅的装修提高到了艺术的阶段。

土家族吊脚楼外部装饰

六是空间的利用。江南地区新石器时代的建筑，适应多雨、潮湿的自然环境，还具有防蛇虫猛兽和饲养家畜、堆放杂物的多方面功用，因此历经千年不衰。我国著名古建筑专家杨鸿勋先生指出，干栏式建筑促成了穿斗式结构的出现，并直接启发了楼阁的发明——提高地板(居住面)，并利用了下部空间，最终导致阁楼与二层楼房的形成。

吊脚楼属于干栏式建筑，是中国南方特有的古老建筑形式，被现代建筑学家认为是极佳的生态建筑形式。吊脚楼是干栏式建筑在山地条件下富有特色的创造，属于歇山式穿斗挑梁木架干栏式楼房。

吊脚楼飞檐翘角，三面有走廊，悬出木质栏杆。栏杆雕有万字格、喜字格、亚字格等象征吉祥如意的图案。悬柱有八棱形、四方形，下垂底端，常雕绣球、金瓜等形体。吊脚楼通常分两层，上下铺楼板。楼上择通风向阳处开窗，窗棂花形千姿百态，有“双凤朝阳”“喜鹊闹海”“狮子滚球”等。吊脚楼的下层多用于贮藏物资，楼上则为主人居室或客房。楼外长廊为妇女们绣花、挑纱、织锦、打花带、晾纱、晾衣的场所。

飞檐

栏杆

吊脚楼的飞檐与栏杆

吊脚楼里少不了青石火塘。火塘上悬挂着炕架，炕架上挂满了薰炕的腊肉、野味。火塘中间立有生铁铸的三脚架，三脚架上方垂挂着梭筒钩，梭筒钩上总是挂着一口烧水、炖菜、煮饭的吊锅。这口吊锅，用时放下来，或搁置在三脚架上，不用时升上去，免得影响人们烤火取暖。

吊脚楼里的丰收季节(陈小林/摄影)

修建吊脚木楼的地基必须把斜坡挖成上下两层，层与层之间的山壁和外层山体用石头砌成保坎。建房时，将前排落地房柱搁置在下层地基上，最外层不落地房柱与上层外伸出地基的楼板持平，形成悬空吊脚，上下地基之间的空间就成为吊脚楼的底层，这就是所谓的“天平地不平”的吊脚楼特点。吊脚楼采用穿斗式结构，每排房柱 5 至 7 根不等，在柱子之间用枋穿连，组成牢固的网络结构。

恩施市白杨镇洞下槽村——依山而建的现代土家族吊脚楼建筑

土家族生活在风景优美的武陵山区，集中分布于鄂西南、湘西、渝东、黔东北地区，境内沟壑纵横，山高谷深，河流广布，属亚热带山地气候，常年雨多雾重，地润气湿。在这种自然环境中，土家人结合地理条件，顺应自然，因地制宜，在建筑上“借天不借地、天平地不平”，依山就势，在起伏的地形上建造接触地面少的房子，注重对地形地貌的利用，减少对地形地貌的破坏。同时，力求房屋上部空间发展，底面随倾斜地形变化，从而形成错层、掉层、附崖等建筑形式。

土家族吊脚楼属于干栏式建筑，但与一般干栏式建筑有所不同，一般干栏式建筑是全部悬空的，吊脚楼只有部分悬空，所以土家族吊脚楼也称为“半干栏式建筑”。

吊脚楼是主要分布在武陵山区的土家族的独特建筑形式。土家族吊脚楼基本的特点是正屋建在实地上，厢房除一边靠在实地和正房相连，其余三边皆悬空，靠柱子支撑。它是为适应当地山多岭陡、木多土少、潮湿多雨等生态特点而建造的具有典型生态适应性特征的传统山地建筑，同时也是土家族民风民俗、艺术审美等多种文化取向的实物载体，是土家人民智慧的具体体现。

利川凉雾 60 公社土家族吊脚楼

桃枋

磉礅

屋檐吊柱

土家族吊脚楼常见的形式，是一正一横的曲尺形单吊式。坐落在实地上的正屋，普通人家房屋规模为四排扇三间屋或六排扇五间屋，较富裕人家为五柱二骑、五柱四骑，大户人家也有七柱四骑。中间为堂屋，是祭祖先、迎宾客和办理婚丧事用的。左右两边称为“饶间”，作居住、取暖之用。饶间以中柱为界分为两半，前面作火炕，后面作卧室。吊脚楼往往只是整栋房子的横屋部分，上有绕楼的曲廊，曲廊还配有栏杆。

堂屋两边的左右间，各以中柱为界，分为前后两小间。前小间作火塘屋，安有 3 尺(1 尺约为 0.333 米)见方的火塘，周围用 3 至 5 寸(1 寸约为 0.033 米)厚的麻条石围着，火塘中间架“三脚”，作煮饭、炒菜、烧水时架鼎罐、锅子用。火塘上面一人高处，是从楼上吊下的木炕架，供烘腊肉和炕豆腐干等食物。后小间作卧室，父母住大里头(左边)，儿子儿媳住小里头(右边)。兄弟分家，兄长住大里头，小弟住小里头，父母住堂屋神龛后面的小卧房。房屋不论大小都有天楼，天楼分板楼、条楼两类。卧房上面是板楼，放各种物件，也可安排卧房；火房上面是条楼，用楼折铺成有间隙的条楼，火塘烧火产生的烟可通过间隙顺利排出。

以前的吊脚楼一般以茅草或杉树皮盖顶，也有用石板盖顶的，吊脚楼多用泥瓦铺盖，又由于位置讲究，所以建造土家族吊脚楼是土家人生活中的一件大事。第一步要备齐木料，土家人称为“伐青山”；第二步则是加工大梁和柱料，土家人称为“架大码”，他们在梁上还要画上八卦、太极、荷花莲子等图案；第三步叫“排扇”，就是把加工好的梁柱接上榫头，排成木扇；第四步是“立屋竖柱”，是非常重要的一步。主人要选择黄道吉日，请众乡邻帮忙，众人齐心协力将一排排木扇竖起，这时，鞭炮齐鸣，左邻右舍赠送礼物祝贺。立屋竖柱之后，便是钉椽角、盖瓦、装板壁。富裕人家还要在屋顶上装饰向天飞檐，在廊洞下雕龙画凤。

土家族吊脚楼上上下下多用杉木建造。屋柱用大杉木凿眼，柱与柱之间用大小不一的杉木斜穿直套连在一起，不用一个铁钉也十分坚固。房子四周还有吊楼，楼檐翘角上翻如展翼欲飞。房子四壁用杉木板开槽密镶，讲究的人家，里里外外都涂上桐油，既干净又亮堂。

土家族吊脚楼讲究“亮脚”，即柱子要直要长。吊脚楼一般为三层，屋顶上讲究飞檐走角。正房前面是院坝。土家族吊脚楼窗花雕刻艺术是衡量建筑工艺水平高低的重要标志，有浮雕、镂空雕等多种雕刻工艺，雕刻手法细腻，内涵丰富多彩。

第二部分

绵延千年

土家族吊脚楼建筑文化传承

告慰青山为我用 祭祀山神恋育情

土家人生活在武陵山区的青山绿水之中，对山的依靠和崇拜，对山的依恋和不舍，可谓是一生挂在心头的大事。

树靠呵护始成林。“十年树木，百年树人”，笔者理解“十年”仅是概数而已，实际上十年是难以把一棵树的幼苗培育成参天大树的。尽管恩施土家族苗族自治州地处北纬30°左右，海拔400—1500米，常年气候湿润，适合针叶林和阔叶林生长，一棵成材树也需要十年以上，有的甚至需要几十年。可见一片茂密山林，见证农人半生乃至一生心血。来凤县徐家寨先祖徐世秀临终告诫子孙，不可动伐青龙山一草一木，徐氏后人谨遵祖先遗训，才换来现在青龙山的楠木、梓树、红豆杉等数十种林木的高大挺拔。笔者的父亲曾在20世纪80年代修建厢房时，去山中伐料，总是对一棵棵树摸了又摸，用手指掐围圆，抬眼望树梢，观察周围树的间距，好一会儿才落下斧头。

满目青山，处处可伐建房良材(吴维/摄影)

土家人生活在山区，育山、用山，修造住宅也靠山中之木。据估算，一栋五柱四骑一正两厢房的吊脚楼需要长短柱料106根、长短穿枋186块。正屋需要檩子36根，厢房需要檩子60根，还需椽皮、装板、楼板、地枕板不计其数。从心理学讲，每一位农人砍伐树木时是心疼的，是吝惜的，心头滴着血。笔者理解，宅主(或掌墨师)进山伐木进行祭祀活动，是否也存在告慰青山，安慰自己心灵的情愫呢？

土家人营造吊脚楼砍料又称“伐青山”。修建吊脚楼的主要用材有杉木、枞木、锥栗木、梓木等。低山地区多以枞木、杉木为主，二高山及高山地区多以杉木为主。枞木、杉木现伐现用，因为湿度大，难以搬运。一般是当年修建，头年伐木。伐木时间在6—8月，一是正值农闲；二是这个季节杉木水分重，易剥皮；三是正值盛夏，阳光充足，被砍伐的木材干得快，搬运轻松，使用时不易裂口，长年使用后榫头不松。

柱、枋要用密度较高、不易变形的上好木材

“伐青山”时，掌墨师看山取材，按建屋部位所需进山选材。样号记清楚，分清东头、西头和前后。先选中柱，再选前金柱、后金柱，之后依次选出前檐柱、后檐柱。当然，工匠也可根据山林树木适合做哪种柱料，参差砍伐。骑筒料可在裁柱料的剩余部分选用，或伐较小的树。总的原则是节省、适用、不浪费木料。四排扇的骑筒料需 8 截“大骑”和“二骑”、24 截“拖步骑”。柱和骑筒的数量要依据宅主计划是建一字形、钥匙头，还是撮箕口来确定；另外，依据房子的进深，宅主在三柱二骑、三柱四骑、五柱四骑、五柱五骑、五柱六骑、六柱六骑、七柱六骑、七柱八骑等形式中选择确定柱和骑筒的数量。柱和骑筒长度依据宅主选建房屋的高度确定。房屋高度有一丈六大八、一丈七大八、一丈八大八、一丈九大八、一丈九小八、两丈一大八、两丈一小八的区别。所谓“大八”，即高度尾数为八寸；所谓“小八”，即高度尾数为八分。建房高度尾数不离“八”，起因是土家人有“要得发，不离八”之说。依常规建房要求，高度在一丈六大八至两丈一大八的高度类型中选择；柱的上端最小圆直径为 6 寸，下端最小圆直径为 7 寸;骑筒上端最小圆直径为 5 寸,下端最小圆直径为 6 寸。柱是承重主体构件,选料时要注意选没蛀虫、没开裂、无结疤的木料。进山砍伐一般选择杉木、枞木或其他结实的杂木。据长者讲,古时修建房屋一般选择梓树、椿树和楠树。因“梓”与“子”谐音,寓意“子孙兴旺”;“椿”与“春”同音,寓意“春意常在”;而楠木是上等好木材。

用于柱、枋的木材,以楠树、椿树、梓树为首选

土家族人修屋建房,除准备柱料外,还要准备枋料、檩子、椽格和板料。穿枋类构件包括二步枋、四步枋、六步枋、前大挑、前小挑、后大挑。连接枋类构件包括地脚枋、照面枋、大门枋、神堂枋、楼枕枋、灯笼枋等。恩施地区常规材料尺寸一般是枋宽 5—8 寸,厚 1.8—2 寸。

照面枋宽要 8 寸以上。大门枋一般宽 8 寸，厚 3.2 寸。还有地挑扇、吊栏桥之类。檩子的用料选择以杉木为佳。椽格根据树料长短，或钉椽格间隔区别（3.6 寸或 3.8 寸），难以确定数量。椽格用料应选择枞木。枞木料咬钉，钉锤时不裂口。板料分楼板、地枕板、装板。楼板一般比装板厚。楼板、地枕板厚 1 寸，装板厚 0.8 寸。装修板壁的用料一般选择枞木、杉木；地板、楼板的用料一般选择锥栗树等耐腐木材。

挑选用于柱头、枋片、领子的木材要求不同

北纬 30°的恩施，树木种类多样

按一般匠师做法，"伐青山"时进山要先祭拜山神、封梅山。祭拜山神，武陵地区也有不同祭法。如恩施市、咸丰县等地称为"压码子"。掌墨师备三炷香、一贴纸钱、一对蜡烛，点燃蜡烛、香纸以求神仙保佑。另取两三张纸钱，在上面画"紫微微"及二十八宿，并写"井"字连带顺笔三圈，折好后压在将要伐木的山林岩孔下不易被人察觉的地方。在烧香纸前掌墨师先在脑中闪现师祖、师爷、师傅形象，然后在烧香纸时口中念：

"奉请山神土地、把界土地、三五洞主、微山公主、广后天王、岩上唱歌王子、岩下唱歌郎君、吹风打哨、唤狗二郎、翻行倒走张五郎，弟子上山栽料，搬料不要料为，搬枝不要枝脱。飞沙走石要不惊不动，蛇藏十里茅岗，虎藏万里深山，只许耳听，不许眼见，前师祖武大将军，铜头铁链化我为身，风吹茅草匹匹不动，不准哪匹挨我身。弟子功夫圆满，各归原位。奉太上老君，急急如令。”

待敬山神活动完毕，就可以开始伐木了。湘西一带拜山神，宅主要准备“刀头”（猪肉）一块、酒杯三个、白酒少许、香纸、山王钱一根、长钱五树。掌墨师将以上物品摆好后，在酒杯中倒酒，并点燃香纸，左手拿香，右手挽诀，口念：

“一炷真香，二炷明香，三炷保香，神通不远，乾坤须知，凡有其到必有感应。供主赠香钱财奉请，东方土地，南方土地，西方土地，北方土地，中央皇帝，五乡五帝神君请降斯时，开山功德在运赠香钱财奉请：开方业主古老前人、山王地主、山王洞主、乾坎艮离巽震坤兑坎区六文，年五破，左扶右辅神君，一白二黑，三碧四绿，五黄六白，七赤八墨（《万全通书》亦称‘白’），九紫血忍神君，路五鬼神君，八传九丑将军，山煞君。天煞、地煞、年煞、月煞、日煞、时煞，太上老君布下一百二十凶神恶煞。开山功德在运赠香钱财奉请：来山去水，地脉龙神，站方巨神，左青龙，右白虎，前朱雀，后玄武，来有来龙神军，授请开山功德，千尊万神若干尊者一切请起，吉驾来临，一字本无多，南神潘北河，串成一个字，降服世间魔。”

湘西一带还有“伐青山”要“封梅山”的做法。传说梅山神是一个邪神（亦称“狩猎神”），也是一个女神，以前一般猎户打猎前要祭拜她。后来延伸到“伐青山”时担心此神使坏，也要祭拜她。掌墨师称作“撵煞”。据说“撵煞”目的主要是驱邪除凶。“封梅山”也需要准备香纸、“刀头”、鸡公（因要取鸡冠血用）、白酒及酒杯。掌墨师在山脚下朝山林方向摆上贡品，点燃香纸，三个酒杯斟上酒，用鸡冠血在绕纸上画字符，并口念：

“起眼观青天，传教师傅在身边。几煞几意，隔山请，隔山应；隔河请，隔河灵。千叫千应，万叫万灵，弟子有请，师傅速将来临。土映土司大神通，天下别鬼在堂中。东请五里，西请五里，南请五里，北请五里，中请五里，五五二十五里。如还不请，架起天扯扯起；如还不请，架起地扯扯起；如还不请，架起筋骨老龙过起。一请三十六天罡，二请七十二地煞，三请人太六畜，四请猫儿狗犬，五请飞鸟老鼠，六请蛇出蚂蚁，一切请在西空中。天使鲁班，地使鲁班，尚尧制锁，鲁班在此，得意进行。一划长江，二划海中，三划河流。”

掌墨师画字符、念词时，脑中要想象师傅的形象。

用于吊檐柱的木材，要有便于雕刻造型的密度和硬度

拜山完毕后，帮工就可以砍树、伐木滚场了。之所以“拜山”，土家族民间认为，大规模砍树、伐木、大动静滚场，是对山神的侵扰，祭拜山神就是给心中的山神打一个招呼，给所谓的“山神”一个安慰。所谓“封梅山”，也就是给此“山神”周围的“邻居”一个告诫，让其不要干扰破坏“秩序”，让事主安心安全地作业。拜山之后，帮工在砍伐过程中，忌打哦火（大声吆喝）、打哨子（手指放在口中通过气流发出清脆音调）；涉及凶猛禽兽的称呼也需改变，如“斧”（与“虎”同音）改称为“金板”，如姓“侯”的（与“猴”同音）改称为“爪”（zhuā）。

土家族吊脚楼——取之山林，成于田野

事事小心如神助，兴建实业图安全。祭祀既是民俗又是表象，实质是安慰自己，工匠作业时不轻狂、讲程序、讲技术；告慰山神，倒不如说是告慰青山、告慰守林人自己。多想留住树木旺，多想呵护青山绿！

敬鲁班、说福事——夸张的慰藉和祝福

土家人吊脚楼营造中的诸多环节少不了敬鲁班、说福事。敬鲁班，是工匠对自己获得成就的慰藉；说福事，是工匠对宅主夸张的祝福。

传说鲁班是金、银、铜、铁、锡、雕、画、木、石、泥、漆、弹、机、鼓、皮、纸、墨、笔十八匠的祖师。各类匠师对鲁班敬若神灵，鲁班为之感动，遇事所求，无不答应。还有传说，鲁班曾写了一部书，后人称之《鲁班经》，分上、下两部。上部内容是扶民济困、治病救人的"法术"；下部内容是破坏建造、欺世盗名的"妖术"。鲁班做到百姓所求必应，这就形成了土家工匠遇事必祭的习俗。

敬鲁班也是敬尊长。鲁班是如此，历代工匠是如此。

传说鲁班年轻时在木场做工，早去晚归。一次，鲁班在很远的地方做工，晚上回家后和妻子在房里说悄悄话。鲁班的母亲半夜起来听见媳妇房内有人说话，仔细一听是自己的儿子鲁班回来了。母亲感到惊讶，这么远的路程，儿子又没有马骑，怎么回来的呢？鲁班母亲在房前屋后看了个遍，只看见有一匹木马立在屋坝外。她心里想，难道鲁班是骑这匹木马回来的？木马怎么会走呢？她好生奇怪。想着想着，不知不觉就骑上木马。鲁班母亲一骑上木马，那木马就飞奔起来，一直驮着鲁班母亲跑到木场才停下来。当时天已拂晓，鲁班母亲因从家出来时没穿戴整齐，怕天亮后被人看到有失妇道，就往深山老林躲去。山中阴湿寒冷，没过多久她就被冻死了。天亮之后，鲁班起床去上工，发现木马不见了，喊母亲也没回音。去母亲屋里一看，母亲不在。鲁班心里想一定是母亲骑着木马去木场了。鲁班直奔木场，见木场上放着木马，没见母亲。他到处寻找，最后在木场后山老林中寻到了被冻死的母亲。鲁班把母亲尸体背回家安葬后，一气之下把木马从中锯开，一架木马变成两半，这木马再也不能行走了。此后，鲁班怀念母亲养育之恩，对她的死心怀愧疚，每每在营造工程之前，都要摆上供品等，祭祀母亲。之后，历代弟子效仿，形成习俗。

这个传说之后，世人又演变出"寒婆婆的故事"，又创造出寒婆婆女神。武陵地区某些地方有在邻舍建造住宅时，送一根木材的礼俗，说这是送给寒婆婆女神的，祈望女神护佑建屋主和送物人平安幸福。

而今，敬鲁班必备礼品有雄鸡、"刀头"（一块猪肉）、香、纸、酒；郑重的话，宅主还要准备一只木马、一床席子、一套衣服、一双鞋子等。宅主还要准备一个红包或多个红包；还要准备几桌酒席，宴请各行工匠和掌墨师。敬鲁班仪式过程中，主要有点香、烧纸、敬酒、取鸡公血挂号、说禁语、画字讳等程序。

笔者曾想象，在鲁班那个时代或在鲁班之后的若干朝代，所谓敬鲁班仪式绝没有如此礼俗。雄鸡、"刀头"在祭祀仪式后是被掌墨师带回家的；一套衣服、一双鞋子是赠予掌墨师的；红包是赠予掌墨师及工匠的。宅主在敬鲁班仪式上慷慨赠予工匠师傅谢礼，无外乎是安慰自己，修建吊脚楼不会薄待师傅；无外乎是想得到师傅的美好祝福。掌墨师虔诚举行敬鲁班仪式，无外乎祈福祖师，保佑修造安全；无外乎告慰列祖列师，弟子又有一业绩展现；同是慰藉师傅自己。

笔者认为，真正的修造安全是施工有安全设施、有安全操作保障、购买安全保险，等等。

建造土家族吊脚楼的施工图，全在掌墨师的脑袋里

土家人在兴建吊脚楼过程中有几个重要节点，是需要掌墨师（或带头工匠）举行“说福事”仪式的。譬如立扇、上梁、做大门、安神龛等。说福事，就是掌墨师（或其他木匠师傅）对宅主说些吉利、祝福的话，使建造场面热闹，使宅主及亲友高兴。

立屋说福事。

立屋的顺序是先立中堂两边的排扇，先东后西，依次立完所有的排扇。开始立排扇时，所有工匠、亲朋好友（撑梯护柱的人等）排齐站好后，掌墨师就用一帖纸钱钉在中柱上，手捉雄鸡拉着巾带，讲着福事等。

发第一列排扇时，掌墨师必说福事。说福辞是：

“时日良辰，修造华堂，鲁班到此，大吉大昌。弟子手提一只鸡，生得头高尾又低，身穿五色花花衣。从前世上无鸡叫，如今世上有鸡鸣；是唐僧西天去取经，带回鸡蛋转回程。带回三双六个蛋，孵出三双六只鸡。昆仑山上孵鸡仔，凤凰窝里来长成。一只鸡飞在天空好似凤

说福事——登梯七步到屋顶,步步有词

凰,二只鸡飞在海中好似龙王,三只鸡飞到弟子手中为掩煞鸡。一掩天煞归天,二掩地煞归地,年煞,月煞,日煞,太岁布下一百二十凶神恶煞,弟子掩在鸡足下。雄鸡落地百无禁忌。"

工匠在用响槌闩紧枋片和木栓时,掌墨师的说福辞是:

"此锤不是非凡锤,鲁班赐我金银锤。金锤响惊动天,银锤响惊动地。上不打天,下不打地,专打五方妖魔邪气。法槌落地永吉大利。亲朋好友,老少齐力,千年富贵,万年发迹。福事已毕!起……"

敬鲁班说福事,是立屋时的重要环节

立起第一排扇,一鼓作气立起第二排扇、第三排扇、第四排扇。这种说福事仪式,一般仅指立正屋。

四排扇立起后,中间堂屋上梁是重要环节。说福事有拜梁、开梁口、捆梁、升梁、赞酒、赞粑粑、搭梁布、下屋等环节。

掌墨师拜梁时说福辞是:

"时吉日良走忙忙,主家请我来拜梁。今日听我说端详,你生在何处长在何方?你生在犀牛山上,长在洞庭湖旁。露水茫茫赐你生,日月二光助你长。张郎打马云中过,瞧见此木正茁壮，鲁班弟子胆子大，砍来主家作栋梁。大梁一丈九，子孙代代有；小梁一丈八，子孙代代发。三十六人精推细打迎进木场，木马一对好似鸳鸯。斧子一去人字成行，推刨一去大放豪光；墨斗一架好似凤凰，逢中一墨弹得金玉满堂。千年的福贵，万年的吉祥！”

掌墨师逢梁直径中线牵直弹一墨线，完毕后，两边片梁的工匠（或徒弟）采用问答形式继续拜梁。

甲问：走进华堂来贺喜，今日吉利是佳期，拜请师傅各行的，敬请师傅来指迷。哪个仙人定字向？哪个仙人来造梁？哪个师傅起的样？哪个能手来安磉？又是难人来帮忙？

乙答：新修华居亮堂堂，金银财宝装满房。白鹤仙人定字向，鲁班师傅造栋梁，掌墨师傅起的样，各位工匠立华堂，石匠师傅立的磉，亲朋好友来帮忙。主人发达百世昌！

紧接着宅主在梁前祭拜横梁并叩谢各位匠师及亲朋好友。之后，甲、乙师傅继续说福辞。

甲说：今日造华堂，主人来拜梁。一跪（叩）全家合气，二跪（叩）金玉满堂。

乙说：东头跪（叩）了跪（叩）西头，跪（叩）个银水满屋流，跪（叩）个文武代代有，跪（叩）个富贵出诸侯。

开梁口说福事。

拜梁之后，梁的两头各站一位木匠师傅（一般是掌墨师及掌墨师的大徒弟）。掌墨师站东头，大徒弟站西头。

掌墨师说福辞是：手拿金凿忙忙走，主家请我开梁口。开金口，开银口，开得金银满百斗。

大徒弟说福辞是：师傅开东我开西，开个文武都到齐，开个富贵永吉利，开个桃园三结义。

系梁说福事。

东西两头师傅开好梁口后，又用红布条（或绳索）系住梁的两头，便升梁。系梁过程中，也插有说福事。

先东头掌墨师说福辞是：手拿巾带软绵绵，黄龙背上缠三缠；左缠三转生贵子，右缠三转点状元。

后西头师傅说福辞是：天地初分有二仪，乾坤又开布三奇；师傅系东我系西，系个富贵上云梯。起……

升梁时，有的地方是主家挑选两位族内德高望重的长者帮助升梁，木匠师傅说福辞。有的人家是师傅边升梁边说辞。升梁时两头的升梁人爬一步梯说一段辞。

东头师傅说辞：两根中柱左右立，好似文武都到齐。文武双全一起到，东西两头齐用力。

西头师傅接着说辞：两根中柱入云霄，黄龙飞起比天高。华堂今日来落成，主家世代出英豪。起……

两边升梁人开始爬梯升梁。

升梁的东头。东头师傅说辞：

上梁先上梯，高楼从地起。上一步吉星到屋，上二步金银满堂，上三步桃园结义，上四步八方拥护，上五步五子登科，上六步六六大顺，上七步七星高照，上八步八仙扶助，上九步久长久远，上十步十全十美。上了梯来又再上，金银财宝满屋装。

立好了所有的排扇，然后请梁木、升梁木、说福事

升梁的西头。西头师傅接着说辞：

脚踏实地手掌梯，步步登高朝上起。上一步全家和气，上二步两仪太极，上三步三生有幸，上四步四平八稳，上五步五龙戏珠，上六步禄位高升，上七步齐家治国，上八步八方进利，上九步久远发达，上十步时来运到。越上主家越兴旺，千言万语送吉祥。

敬梁说福事。

梁升到中柱顶端，师傅骑在梁的两端，提着酒壶，敬酒赞酒。

东头师傅提壶说福辞：提此壶讲此壶，此壶来历记不足。南京请个巧银匠，北京请个巧师傅，上打雪花来盖顶，下打九龙来盘根。前面打个莺尖嘴，后面打个凤耳形。一打吉星当堂照，二打富贵福满门，三打桃园三结义，四打骏马奔朝廷，五打五龙来扶助，六打禄位来高升，七打姐妹下凡女，八打神仙过洞庭，九打富贵久长远，十打文武出状元。

西头师傅接着敬酒说福辞：杜康造酒有药方，酿出良酒众神尝。一杯酒来交朋友，两杯酒来点梁口；一杯酒点上天，恭敬上界众神仙；二杯酒点下地，地脉龙神造福气；一杯酒点梁头，主家发财出诸侯；二杯酒点梁腰，千年荣华万年牢；三杯酒点梁尾，万事如意十全美。弟子美酒敬了梁，饮个双凤来朝阳。

梁两头师傅将梁榫同时嵌进中柱顶端，再向下众客众友撒粑粑、糖果等。

撒粑粑时，师傅说福辞：

正月二月你莫忙，三月四月早下秧，五月六月秧苗长，七月八月稻谷黄。板斗里打，箩筐

说福事贯穿立屋的整个过程

里装，挑进晒谷场，晒干挑进打米行。打的白米白如雪，一对粑粑像太阳，今日拿来压栋梁。压在栋梁头，代代出诸侯；压在栋梁尾，十全又十美。

搭梁布说福事。

木匠师傅撒完粑粑，说罢祝辞，接着用红布搭梁。此时，一师傅（或请贵亲）边搭梁边说福辞：

往昔有唐僧，打马西天去取经，顺带花籽二三升，峨眉山上撒一把，洞庭湖旁遍地生。薅花就是下凡姐，捡花就是纪兰英。捡的花儿无齐数，拿来放在弹匠铺。弹的弹来纺的纺，织成好布搭栋梁。新建华堂更吉祥，儿女世代状元郎。

一师傅接着说辞：

逢山开大道，遇水搭浮桥。某某高亲好，请他代个劳（或：某其主家好，请吾来代劳）。主家造华堂，高亲（或弟子）来搭梁。一搭生贵子，二搭富贵长，三搭华堂永世昌。

上梁结束，师傅下屋。两边师傅下梯时各说一段福辞。东头师傅说福辞：

鹞子翻身跃下地，主人万事很如意，勤劳致富有后继，给你搭向冲天梯。

西头师傅说福辞：

鹞子翻身下屋梁，主人稳如泰山强，人住宝地自然有，四周都来奉吉祥。

踩门说福事。

踩门，就是木匠师傅把堂屋大门做好安好后，宅主办一桌酒席，摆放在堂屋正中方桌上，木匠师傅坐在方桌的上席，宅主请一位德高望重、儿孙满堂且知书识礼的人来踩门。踩门的人来到大门前，就开始说福事。

踩门的人在门外说：

天上落雨地下氿，十人过路九人夸，上头盖的紫青瓦，装新板壁如银甲。门外灯笼排排挂，武陵财主第一家。

门内师傅问：

外面来的什么人？

踩门的人在门外答：

我是天上财白星，玉帝差我下凡庭。下了三十三界，出了南天九洞门。日月二光当身照，五色祥云护其身。珍珠玛瑙无其数，金银财宝带随身。我是玉帝令来主家踩财门！

木匠师傅把大门打开。

踩门的人接着又说：

一踩东方甲乙木，进财进喜进福禄。二踩南方丙丁火，子孙发达喜事多。三踩西方庚酉辛，万事顺利喜事生。四踩北方壬癸水，六畜兴旺钱财归。五踩中央戊己土，文武高官代代有。六踩青天喜星降，一代更比一代强。七踩天上七姐妹，富贵荣华永不退。八踩八方来送利，子子孙孙都和气。九踩财门久长远，儿女朝廷做高官。十踩十全十美到，财白金星送元宝。

木匠师傅迎进踩门的人，说：

我新做财门四角方，迎接金星来华堂，上开诸神送吉祥，下开金银进华堂。

相互礼毕，落座。

上述说福事环节，仅限于恩施地区的做法，武陵山其他地区还烦琐一些。如破土动工说福事、挑选中柱说福事、伐木说福事、立屋场说福事、安神龛说福事，等等。各地掌墨师及工匠在敬鲁班时礼俗供品也略有区别；说福事时仪式说辞也略有不同，但基本大同小异。如湘黔一带，发墨敬鲁班时要准备礼信：一只公鸡、三杯酒、三块煮熟的猪肉、三条蒸熟的鱼、一升米、一个红包。立屋敬梁中说辞用“唱”表达。唱词为：

一杯酒敬梁头，文到尚书武封侯；二杯酒敬梁腰，恭喜主东顺滔滔；三杯酒敬梁尾，荣华富贵从今起。

升梁说辞相对简单，说辞为：

东边升起，千年发达；两边升起，万年兴旺；中央升起，两头齐发。

赞梁和抛梁粑时说福辞采用掌墨师与宅主及亲朋应答式（恩施地区也有此现象），场面热闹非凡。如：

此梁此梁，生在何处？长在何方？

生在须弥山上，长在九龙山头。

谁人得见？谁人得看？

张良得见。鲁班得看。

接着齐声说福辞：

张良拿把斧来砍，鲁班然后用尺量。七一量，八一量，量得一丈八尺八寸长。别人拿去无用处，主东拿来做栋梁。

此梁此梁，生在何处？长在何方？

生长昆仑山上。长在九龙头上。

又齐声说福辞：

此木并非平凡木，乃是须弥山上紫檀香。长得枝枝都成对，生得叶叶都成双。朝有金鸡来报晓，夜有凤凰乘树眠。乌鸦不敢乱叫，天牛不敢乱钻。别人拿去无用处，主东拿来做栋梁。

赞梁粑时，掌墨师问：

我抛东来你抛西，恭喜主东荣华又富贵。请问东家要富是要贵？

东家答：

富贵都要。

又问：

请问东家要金是要银？

又答：

金也要，银也要。

掌墨师说福辞：

梁粑本是金银成，撒得华堂满金银。主家得到是富贵，亲朋捡到是财喜。

以上说福事种种，说辞顺口成章，韵畅成诗；内容恭贺主家，恣意夸张。这不正符合土家人逢事讨个吉利、遇喜送个恭贺的习俗吗？只不过掌墨师创作说辞时运用了夸张的手法罢了。

注：此内容采访了国家级土家族吊脚楼营造技艺代表性传承人万桃元先生（咸丰人）、谢明贤先生（咸丰人）、李宏进先生（湘西人）等，编者整理编写。

土家族吊脚楼民俗文化

土家族吊脚楼以青山为背景，或层层叠叠，或单家独户，不拘一格。近观其表，楼阁悬空，三面回廊，飞檐翘角，玲珑别致。远远望去，高低错落，如鹤鹰展翅，气势壮观。长期生活在这样的环境里，土家先民形成了共同的民族心理，必然会有与之相适应的共同的地域文化、栖居文化。

起 居 文 化

土家人修建吊脚楼，一般都是先修正屋，经济条件好一些之后，或者是家里添丁，正屋实在容纳不下了，才修厢房(吊脚楼)。正屋不管是三柱二还是五柱四，乃至九挂口、跑马阶檐，基本格局都是三大间。神圣的、重大的活动都在正屋举行。厢房是休闲栖居之所。

吊脚楼上是厢房

一、礼仪中心——堂屋

上面说的大三间，中间一间是中堂，又叫“堂屋”。在土家人眼中，家不单是吃喝拉撒、遮风避雨、生活的地方，还是社交、宗教、礼仪、文化活动的场所。家不仅是家庭成员的居所，还是已经逝世的祖先和未出世的子孙精神汇聚的地方。对祖先，要定时在中堂祭拜；堂屋具有礼仪上的功能，是家庭中最神圣的空间，古人认为，那是联系先人和后世子孙的地方。堂屋正中后壁设有神龛，俗称“香火”，正中贴红纸，上书祖先、神灵的牌位。神龛下面摆放神桌，神桌上摆放贡品、香炉，可以举行祭祀礼仪，如葬礼。家中有人去世后，就把堂屋布置成灵堂，出殡时，各项仪式也在堂内举行。

堂屋还是中心枢纽，是通向室内外和内部上下左右的联系空间。由堂屋可以到达各个房间，有的堂屋还有板梯上二楼、三楼。

堂屋在吊脚楼的深处

堂屋还是家庭对外社交的主要活动场所。在气候温和的时候，堂屋是待客的地方，相当于城市居民房的客厅。逢年过节、婚丧嫁娶、添丁时宴请宾客，需要开间大、层高比较高的大空间，没有楼板遮挡的龙脊堂屋与火塘间、厨灶间连通成为公共空间，显得开阔爽朗。

二、生活中心——火塘间

火塘间，又称“火塘屋”“火炉屋”，是一家人的生活中心。一家人围坐在火塘边休息、吃饭；取暖御寒，冬季接待客人也在这里；婚礼之夜，男女双方的宾客在火塘边“坐夜”、对歌；淋湿的衣服、鞋袜可以在火塘边烘干。火塘屋集中了生活的方方面面，多功能的火塘屋是土家人起居生活的主要空间。

火塘间设在堂屋的左右

在原始穴居建筑中，火塘已经出现，一定程度反映了土家祖先较古老的生活习俗，它对居住建筑的产生和发展有着重大影响。火塘间的发展大致经过了以下几个阶段：原始社会集起居、取暖、炊事、社交于一体的以火塘为中心的主室；床的出现使卧室首先从主室中分离出来；为满足人们的社交生活需要和精神需要出现了堂屋；后来人们又发明了灶，以灶为主设置的厨房,将炊事的功能从火塘中分离出来。

随着生产力的进一步发展,取暖方式变得更节约、更方便,火塘的综合功能被一项项逐步取代。

火炉塘是用四块方方正正的长条石框成的。初建时,火塘岩的上沿与地面是平齐的,后来,由于泥土地面需要经常清扫,久而久之,火塘岩的上沿便逐步高于周围地面了。于是,条件宽裕的家庭便在火塘屋安上地楼板。做法是:准备几块石头、几根楼枕,楼枕搁在石头上,防止受潮腐烂;将楼板刨光,两边做公母榫,嵌成一个整体,中间用一块“尖板”使之充分挤紧,并钉在楼枕上。由于火炉塘低于地面,所以许多地方也称为“火炉坑”。

火塘的上方挂有炕钩或者炕架,土家人把猪肉挂在火塘上方,熏制成腊肉;也可将葵花、板栗、柿饼等装在竹篮里,挂在炕钩上烘干。更重要的是,还要烘一些种子供来年使用。为了防止孩子误吃种子,父母总是把种子往高处、深处藏,所以农村常常称种子为“种藏”。

火塘屋的楼上不能装楼板,因为千百年以来火塘取暖都是以木材为能源,如果装楼板就没有地方排烟。人们会就地取材,用茨竹、树条铺在楼上,讲究的,会将木板剖成横截面为正方体的木条钉在楼枕上,留小缝排烟。

卧室设在火塘间后面或者两边的厢房

三、休憩中心——卧室

如前所述,由于生产力的进一步发展和人类拓展活动空间意识的进一步增强,取暖方式变得更节约、更方便,火塘的综合功能被一项项逐步取代。以织品、棉花等物覆盖,取代用火取暖,于是有了专门的卧室。土家主楼三大间,除了中堂,两头的两间,每间都会再分隔成里外两间。一般当家夫妇的卧室会在火塘屋的里间,因为他们经常劳累到很晚,可以方便就近就寝。那时的人们大多数家里生活不富裕,所以许多吃食一般不放在火塘屋或者灶屋,而是放在当家夫妇的卧室,并且时常上锁,以免孩子偷吃。

四、编织中心——厢房（吊脚楼、转角楼）

土家人在正屋的一头或两头，与正屋垂直向外延出一组或多组排架，每排柱子长短依地势高低而取舍，形成干栏楼宇建筑，即转角楼、厢房、吊脚楼。转角楼多为三排两间，上下两层，亦有三层、四层的，其屋脊必须低于正屋屋脊，寓意"客不压主"，同时也是工艺需要。修得最多的转角楼是一正屋一厢房，土家人称之为"钥匙头"。

富裕人家修建的双厢走马转角楼一般为一正屋二厢房，围成"撮箕口"。转角楼最有特色的地方是签子，悬空走廊。狭义的签子就是走廊外侧竖卡在干栏和楼枕之间的栅栏，推而广之，把整个走廊称为签子，再推而广之，把整个厢房（转角楼）都称为签子。

厢房干栏——土家人称为"签子"或"千子"

土家族吊脚楼（厢房）一般是三层，有走廊的这一层是中层，是土家姑娘的闺房，是她们绣花、做鞋、织"西朗卡普"（土家织锦）的地方。走廊是由落地柱向外挑出的挂柱，有的称"挑柱"（就是吊脚楼的"吊脚"）形成过道，有单面的、双面的、三面的，称为"走马转角楼"，需有较高木匠技艺者方可为之。转角楼两边上端，檐角翘起，雄伟壮观。转角楼的挂柱（吊脚）下常饰木雕金瓜，乡土气息浓郁。走廊装木花格窗，门窗除雕以"回"字、"喜"字等吉祥图案，还以颜料作底，以光油掺入山漆，刷出来光亮照人。

厢房楼上是堆放粮食、杂物的地方，楼下的空间通常用来堆放农具、柴草及其他杂物，也可用作猪栏牛圈。猪牛羊圈只需用简易的木板围合，木板用坚硬的杂木制作，根据主人的需要，设计间数可多可少，空间可大可小，喂养牲畜时只需穿过底下过道即可到达每间栏圈。

五、半成品制作中心——磨房

磨房是土家族吊脚楼的附属部分，咸丰一带叫作"偏偏儿"。修磨房叫作"搭偏偏儿"。磨房一般是安放石磨、碓窝（舂米用）等食品加工工具的地方。磨房一般都是搭在正屋屋山头，与转角厢房相连成"丁"字形结构。土家人打糍粑、推豆腐、磨苞谷都是在这里进行。

土家磨坊

饮食文化

我国的西南地区,因河流、地形、土壤、气候等诸多因素影响,土家人的主食以玉米(苞谷)为主,红薯、马铃薯次之,然后是稻谷,零星有一些高粱、小麦、苦荞、豆类,以蔬菜、猪肉、蛋为辅助食品。改革开放以后,随着生活水平的提高,土家人的饮食结构得以改变,各种动物肉类极大丰富起来,玉米、大米成为土家人的日常主食。

土家族悠久的历史,孕育出了五彩斑斓的饮食文化。

一、蒸社饭

“过社”是土家人重要的农事祭日,在农耕时代,人们对土地十分崇拜,每年都要举行祭祀土地神(即社神,掌土地与农耕之事)的活动,也就是“过社节”,简称“过社”。祭祀土地神的日子就是“社日”,民间俗称“土地公公生日”。为了尊敬社神,农家素有男禁锄犁、女停针线的“戊不动土”之俗。

“社日”,有春社日和秋社日之分。春分后的第五个戊日为春社日,秋分后的第五个戊日为秋社日。春以祈谷,祈求社神赐福、五谷丰登。秋以谢神,在丰收之后,报告社神丰收喜讯,答谢社神。祭祀活动则统称为“过社”,它是每年必过的岁令节日,主要有吃社饭(蒿子粑)、拦社、祭新坟、安坟、挂亲、拜稻等内容。在春社日,过社具有原始性、神秘性、民族性、地域性。

恩施土家人的秋收季节(陈小林/摄影)

“社饭”,被誉为恩施州十大名吃之一。其做法极具土家特色:采摘野生香蒿,切碎,揉去苦水,用清水浸泡挤干,然后将社蒿与浸泡好的糯米、黏米拌和,再加腊肉丁、豆干丁、野藠头等搅拌均匀,蒸熟成社饭。社饭做好后,会请亲朋好友聚会品食,并相互馈赠。社饭原是敬祀土地神的饭,现演变成具有民族特色的饮食习俗。随着时代进步,社饭制作得越来越精,成为土家人的美味佳肴。

在恩施,土家人过社的时间很长,差不多正月末到二月都可以过,其时间之长,不亚于春节。这其中既包含土家人对春天来临的欣喜,也寄寓了“一年之计在于春”,以及祈祷风调雨顺、五谷丰登等意思。

采摘杜蒿 准备野葛头 准备腊肉丁 准备豆干丁 准备糯米 制作杜蒿 将配料拌匀 制成社饭

土家“八宝饭”——社饭配料及制作过程

二、推合渣

合渣的做法如下:将黄豆略微泡胀,然后就着水用石磨慢悠悠地磨成浆。磨好的豆浆舀到锅里烧开,再加入剁碎的萝卜菜等煮熟即可。需要注意的是,黄豆泡得太胀,香味就逊色一些;推得太快,磨子“狼吞虎咽”,必然磨得不到位,豆子三瓣两块,自然豆浆少、香味淡。

烧豆浆的过程中得有专人负责，要人不离灶，眼不离锅。因为豆浆烧开的瞬间会翻滚，得马上将剁碎的菜叶撒到锅里去，才能平复。不然豆浆溢出来，危险又麻烦。别看一碗简单的合渣，也是艰辛劳动的结晶。

合渣的吃法很多。可以不加任何调料，连盐都不放，这是淡合渣，在炎夏喝一碗淡合渣，既解渴又消暑。还可以将合渣放置几天让它变酸后煮着吃，称之为“酸合渣”；在合渣里加上肉末，那就是肉末合渣；还有，掠一坨猪油，烧开，炸一撮辣椒面，点起火锅煮上合渣，放上辣椒、生姜、大蒜，舀到碗里后，加上脆蹦蹦儿的炒玉米，两香合一。

虽然“辣椒当盐，合渣过年”的年代一去不复返了，但是合渣这道深受土家山民喜爱的地方特色菜肴在近年来又重新受得市场的青睐，风靡各色酒楼。

三、炕腊肉

腊肉，是土家族很有特色的风味食品，农户习惯在农历腊月杀猪（俗称“杀年猪”），乘鲜用食盐、花椒、大茴、八角、桂皮、丁香等将肉腌入缸或盆中。放置几天以后，用棕叶做成铆子串挂，挂在炕架上，用柏香树枝、柑橘皮、椿树皮以及其他柴草燃火慢慢熏烤，或挂在灶头顶上、烤火炉上熏干。熏制的腊肉，夏季无蚊蝇，经三伏不变质，色、香、味、形俱佳，是土家人的最爱。

土家炕腊肉

四、打糍粑

土家人会在每年农历除夕到来的前几天打糍粑。它是把糯米淘洗干净,泡一夜或半天,滤干蒸熟,放到碓窝里,用粑杵打揉。

打糍粑很费力,一般都由男性来干,两个人对站,先揉后打,然后取出捏成大小均匀的圆球,挤压成月饼状;也可把一整坨用木板压成"大月饼",称为"大糍粑"。春节里,背着画了花的大糍粑作为礼物给岳父拜年,那是很体面的事儿。糍粑还可晾干后泡在水里(或者清油里),十天半月换一次清水,至第二年端午节不变质,烘烤或油炸后食用,格外清香。

过年打糍粑(陈小林/摄影)

五、做神豆腐

神豆腐是用一种叫“斑鸠柞”的树叶制作而成的，斑鸠柞的学名叫“豆腐柴”。豆腐柴叶可制豆腐，是一种药食兼用植物。豆腐柴叶营养丰富，富含果胶，这就是豆腐柴叶加一点点草木灰，能做成像果冻一样的神豆腐的原因。炎夏季节，土家人采来斑鸠柞树叶，洗净放进木盆，将叶子捣碎，用纱布将浆汁滤出，然后倒入少许草木灰水溶液，沉淀而成神豆腐。加入盐、醋、姜、葱等，吃起来清凉爽口、解渴。

六、土家咂酒

万颗明珠共一瓯，
王侯到此也低头。
五龙捧着擎天柱，
吸尽长江水倒流。

这是一首记录在 1865 年《咸丰县志》中描述土家人豪饮咂酒的《咂酒诗》，是咸丰龙潭安抚司田氏所作。

土家咂酒有独特的饮用方式。开坛后，加入开水浸泡片刻，插入竹管，亲朋好友一起吸吮，这个过程就叫咂酒。

据考证，咂酒早出现在秦汉前的古都车骑城(今四川省达州市渠县土溪镇城坝村)，距今已有 4000 多年历史。汉高祖刘邦时期，咂酒是贡酒。《恩施县志》《来凤县志》《咸丰县志》《长乐县志》《石柱直隶厅志》《鹤峰州志 · 风俗》等均有对咂酒的记载。几千年来，土家人节庆、祭祀、征战、日常生活都离不开咂酒。在土家族聚居区，很多人都具备酿造咂酒的技艺。

土家人豁达随和，与人为善，热情好客。每逢客至，必取咂酒款待，直至酣畅淋漓，方尽欢而散。

土家咂酒蕴含着丰富的土家文化内涵，承载着土家族厚重的历史和土家人优秀的品质，世代延续，生生不息！

七、喝油茶汤

咸丰油茶汤不仅属于民俗，还能登大雅之堂。《咸丰县志》记载：“油茶，腐干切颗，细茗，阴米各用膏煎、水煮、燥湿得宜，人或以之享客，或以自奉，间有日不再食，则昏愦者。”有的地方称之为“擂茶”，即“取吴萸、胡桃、生姜、胡麻共捣烂煮沸做茶，此唯黔咸接壤处有之”。

潺油茶汤，就是先用猪油炸适量茶叶至蜡黄后，加水于锅中，并放上姜、葱、蒜、胡椒粉等佐料，水一沸便舀入碗中，加上事先备好的沙炒玉米、油煎鸡蛋、油炸阴米子、豆腐果、核桃仁、花生米、黄豆等“泡货”即可选取食用。

值得注意的是，茶叶以新茶为佳，清新的茗香沁人肺腑；油茶汤中不能放味精，因为味精会改变汤的原汁原味。

来凤油茶汤

喝油茶汤是个艺术活。传统的喝法是不用调羹或筷子，而是端着碗转着圈喝，讲究把汤和辅料同时喝完，或是拿一根筷子在碗里慢慢画圈，边划边喝。要想同时把汤和辅料都喝干净是需要技巧的，用土家人的话说就是“舌头上要长钩钩”。在土家山寨，有些老人喝油茶汤时嘴还可以不接触到碗，只在碗边上空用巧劲一吸，碗中的干货便进入口中，其中趣味，妙不可言。

2011 年，油茶汤制作技艺入选第三批省级非物质文化遗产名录。咸丰县唐崖镇的马金现悉心钻研油茶汤制作技艺二十余年，是其著名传承人之一。

八、土家族过赶年

土家赶年节是土家众多节日中盛大的节日。“春来忙田，腊来忙年。”一到腊月，家家户户要杀年猪、打糍粑、磨豆皮、煮甜酒、赶场打年货，等等。

到了赶年的这一天——月大腊月二十九日，月小腊月二十八日，土家族每家每户都要把屋内外打扫得干干净净，贴上春联，吃团年饭，放爆竹，人人洗澡后换上新衣服。晚上，一家人坐在火坑旁烤大火、守岁，长辈给小孩压岁钱。零点时候，各家又要燃放爆竹，称作“出天行”。

传说明嘉靖年间，快到年关的时候，朝廷传来圣旨，要求各峒土司立即组织兵马赶赴边疆协剿倭寇。军令如山，要按时到达指定地点，不等过年就得出发。为了使这些马上就要离开家乡、开赴前线的土家官兵过了年再走，各路土司王商定提前过年。之后，几路官兵如期抵达东南沿海前线，并立下赫赫战功。为纪念这个有意义的日子，土家人每逢过年都要提前一天过年，久而久之就成了习俗。与“过赶年”相关，因为提前吃了年关饭就要上前线打仗，吃饭的人多，所以用甑子蒸饭。从此，土家人过年时不管人多人少，家家户户都养成用甑子蒸饭的习俗，只是甑子大小不等。

服饰文化

泱泱中华 56 个民族中，土家族的服饰同样有着自己独特的文化内涵。

土家族男子头包青丝帕或白布帕，长 2—3 米，包成人字路，不覆盖头顶。穿琵琶襟上衣，安铜扣，衣边上贴梅条和绣银钩。后来逐渐穿满襟衣、对胸衣。对胸衣正中安 5—7 对布扣。裤子是青、蓝布加白布裤腰，用“八股带”系在腰上；鞋子是高粱面白底鞋，鞋底厚。

土家族妇女头包 1.7—2.3 米青丝帕，不包人字路。穿左襟大褂，滚两三道花边，衣袖比较宽大，衣襟和袖口有两道不同的青边，但不镶花边。衣大袖大，袖口镶 16.5 厘米宽边，领高 1.65 厘米，镶三条细边。结婚时，新娘喜穿“露水衣”（即红衣），这种衣长而大。下面穿镶边筒裤或八幅罗裙，喜欢佩戴各种金、银、玉质饰物，但是并没有苗族那样的银头饰、银项圈。女鞋较讲究，除了鞋口滚边挑“狗牙齿”外，鞋面多用青、兰、粉红绸子。鞋尖正面用五色丝线绣各种花草、蝴蝶、蜜蜂等。

小孩的服饰特色主要体现在帽子上。如春秋戴“紫金冠”、夏季戴“冬瓜圈”、冬季戴“狗头帽”“鱼尾帽”“风帽”等。这些帽子上除用五色丝线绣“喜鹊闹梅”“凤穿牡丹”“长命富贵”“易养成人”“福禄寿禧”等花鸟和字外，还在帽檐正面绣上十八罗汉等。

在众多的色彩中，红色最受土家人青睐。红色有着热烈、鲜艳、醒目、祥和之感，因此喜红者为多。有色必有红，久而久之，土家人不但在服饰上而且在生活上也形成了无红不成喜、有喜必有红之俗。清改土归流后，由于中原文化的强大影响等，土家族的男女服装均为满襟款式，改掉了“男女服饰不分”的民族服装样式。

一、西兰卡普

西南卡普意为土家织锦。在土家语里，“西兰”是铺盖的意思，“卡普”是花的意思，“西兰卡普”即土家花铺盖、土家织锦。

土家人从野外采回红花、栀子、姜黄、五倍子等野生植物，制成染料，将自纺的棉纱染出各种颜色。

土花铺盖最大的艺术特征是丰富饱满的纹样和鲜明热烈的色彩。土家铺盖西兰卡普的图案纹样包括自然物象图案、几何图案、文字图案等大类。

西兰卡普以红、蓝、黑、白、黄、紫等丝线作经纬，通过手织或自制织布机编织而成。主要用作床罩、被面、窗帘、桌布、椅垫、包袱、艺术壁挂、锦袋等，色彩对比强烈，图案朴素而夸张，写实与抽象相结合，充满着浓烈的生活气息。

土家织锦编织

土家织锦展示

二、土家绣花鞋垫

土家绣花鞋垫是土家姑娘给心上人的定情物，是为了让自己心爱的人无论走到哪里，都有一种温暖的家的感觉，都想着自己。

自古以来，土家姑娘白天在田间地头辛勤劳作，夜晚在昏暗的灯光下千针万线纳制绣花鞋垫。凭借着原始的古朴的丰富的想象力，姑娘们把对亲人的爱及对美好生活的向往，都一针一线地纳进了这鞋垫之中，并伴随着亲人们走向四方。

绣花鞋垫从工艺手法上主要分为刺绣鞋垫、割绒鞋垫、十字绣鞋垫、手工编织鞋垫、圈绒绣鞋垫等。手工绣花鞋垫都要经历做底样、打面浆、描图、镶边和绣花等工序。既有表现土家生活、习俗的图案，也有描绘动植物的图案，如“鸳鸯戏水”“喜鹊闹梅”“十二生肖”等。

现在，自然古朴、美观大方的土家绣花鞋垫不仅有很高的实用价值，还具有很高的收藏价值。

土家姑娘纳制绣花鞋垫

绣花鞋垫融入土家人的生活元素

土家绣花鞋垫(陈小林/摄影)

三、打草鞋

打草鞋是土家人传统的手工编织工艺。每当稻谷收割季节,农户便将稻草扛回家堆码于房前屋后晾干,以备农闲时编织草鞋。

土家人不论上山砍柴、上坡挑粪、上街赶集、上房揭瓦,不分天晴落雨,都穿草鞋。草鞋既滤水,又透气,轻便、柔软、防滑,而且十分廉价。草鞋的主体材料是稻草、竹麻、破布条,后来有的用装肥料的编织袋拆下来当打草鞋的原材料,更是耐用。

打草鞋既是土家人基本的生活技能之一,也是物质匮乏年代人们不得已而为之之举。

土家族妇女纳千层底鞋(陈小林/摄影)

本土文化

本土文化,即直接以文化、文学艺术形式出现的文化,相对于建筑文化、服饰文化而言,它是狭义的、标准的文化。

一、戏剧、曲艺

民间戏剧、曲艺形式多样,代代相传,戏剧以鄂西南咸丰南剧、鹤峰柳子戏为主,曲艺主要有扬琴、干龙船、三棒鼓、渔鼓等。

南剧,旧称“南戏”,又叫“人大戏”,是流行于鄂西南少数民族地区的地方民族剧种,是土家文化的典型代表,与湖北楚剧、汉剧、花鼓戏齐名。南剧在其鼎盛时期曾在湖北西南部、湖南西部、贵州东北部以及重庆东南部地区广为流传。目前,仅在湖北咸丰、来凤两县,尤其是在咸丰县得以较好地传承与发展。“南剧文戏武唱,异于其他剧种,与京、汉、粤、评剧都不同”(田汉评价);“南剧唱腔高亢强烈,有如深山峡谷之音”(马可评价)。

土家曲艺形式多样,有恩施扬琴和咸丰干龙船、三棒鼓、渔鼓,以及恩施傩戏、木偶戏等。

土家曲艺表演

二、民间歌谣

（一）劳动歌

劳动歌盛行的有劳动号子、薅草锣鼓和采茶歌等，主要是描绘人们的劳动过程或诉说劳动感受，伴随劳动节奏歌唱。

薅草锣鼓，又称“薅草号子”，俗称“打闹歌”。唱词为五字句、七字句、十字句，薅草锣鼓的唱词均属口头创作，见好夸好，以物及人。其意义或调侃，或规劝，或打趣，或逗乐。除即兴作品之外，也有唱秦香莲的，骂陈世美的，说岳飞的，斥秦桧的。还有唱生产生活、婚姻爱情的，内容广泛，生动活泼，地域、乡土气息浓厚。

采茶时节，春光明媚，土家姐妹在一起劳动，一曲曲采茶歌飞出歌喉，在茶山回荡。

采茶歌一般也是七个字一句，四句一板，一、二、四句押韵。其内容大多是描绘采茶劳动，也有以采茶为由头，什么内容都唱，只是借了采茶的机会。

（二）哭嫁歌

哭嫁歌是由出嫁女子及其女亲友们演唱的抒情性歌谣，以哭伴歌，曲调低沉，哀婉动人。其形式有独哭、对哭、众哭。独哭包括姑娘哭诉自己的命运、父母养育恩情、兄嫂姐妹情谊等。

土家族吊脚楼里的婚俗——哭嫁

（三）山歌、田歌、情歌

民间歌谣中，情歌数量最多、最有韵味。情歌或表达爱恋及其愿望，或表达缱绻之情、相思之苦等，演唱形式有对唱、独唱。其著名的有利川的《龙船调》、建始的《六口茶》《黄四姐》、鹤峰的《柑子树》等，成为享誉海内外的经典。

（四）孝歌

土家人祭奠逝者的形式，又叫“打丧鼓”。其形式简单，在灵堂摆一张八仙桌，桌上方供上逝者灵位，点上香烛，歌师和鼓手分坐两边。先由一歌师开“歌头”，然后歌师进行对歌、盘歌。歌词除忠孝节义、故事唱本外，多即兴编唱，叙述逝者生平，慰勉孝家儿女等。

（五）念诵辞

“念诵辞”，大都是在土家人操办各种喜庆事及交易时进行念诵。其主要是在下面四种场合念诵得最多。

一是在举办婚礼过程中，亲戚、朋友对新郎、新娘及男女双方家庭说的祝福语，人们俗称“说恭喜”。

二是各类工匠在施工过程中对主家说的祝福语，俗称“说福事”。比如在立新屋屋架时，掌墨师就说：“太阳出来暖洋洋，照到主家立华堂，自从华堂立过后，子孙万代幸福长。”

三是在接受别人馈赠礼物时说的祝福语。

四是在交易市场中，卖方对买方说的祝福语，俗称“说封赠”。例如：赶场不买老鼠药，一屋大小睡不着；卖我两包老鼠药，大的细的跑不脱。

人们利用念诵辞这一独特形式，充分表达美好、真诚的祝愿。他们总是从内心深处希望别人兴旺、发达、幸福、愉快。

三、民间舞蹈

土家族同样是一个能歌善舞的民族，其民间舞蹈丰富多彩，令人目不暇接，尤以恩施来凤县的摆手舞久负盛名。

摆手舞图示

（一）土家族摆手舞

土家族摆手舞有单摆、双摆、回旋摆等多种基本动作，特点是甩同边手，弯腰屈膝，以身体扭动带动手的甩动。人们常说文学艺术起源于劳动，土家族摆手舞就是很好的注脚，舞蹈动作中有大量模仿挖土、播种、插秧、薅草、割谷、打谷、砍火焰、织布、打蚊虫、推磨、挑水、采茶等生产生活的动作。摆手舞，其实是土家人劳动生活真实场面的再现，其举办场地无限制，人员可多可少，随着锣鼓响起，男女老少均可伴着节奏起舞。

土家族摆手舞

（二）打绕棺

打绕棺又称“穿花”“跳丧舞”“穿丧堂”“打丧鼓”等，土家语叫“撒尔嗬”。它源于古代的巫舞和巴渝舞，是土家族丧葬祭祀活动中颇具特色的部分，是融吹、打、跳、舞于一体的综合性舞蹈。孝家把灵堂设在堂屋里，灵柩前的四方桌上供奉着红色的灵牌，灵柩上铺着红色的绣花绒毯。打绕棺所用的牛皮大鼓就置于灵柩前的桌子旁边，灵柩四周的空地就是人们打绕棺的地方。

土家族打绕棺包含了土家人乐观豁达的生死观和顺其自然的价值取向，文化内涵极其丰富；由于它具有历史、舞蹈、人文、音乐等价值，已受到人们的极度重视，保护和利用好它，对民族民间文化的传承和发展具有深远意义。

除此之外，土家地区还有地盘子、九子鞭、板凳龙、花花灯、采莲船、舞狮、花花灯、车车灯、蚌壳灯、麂子灯、牛虎灯、挑花灯、腰鼓舞、高跷等多种活动形式。

土家葬礼上的载歌载舞（陈小林/摄影）

四、民间器乐

土家民间吹奏乐器主要有唢呐、笛子，打击乐器有皮鼓、大锣、马锣、大钹、小镲、铙、木鱼，弦乐器主要有二胡等。

土家地区首屈一指的乐器就是唢呐，俗称“喇叭”“八仙”。它主要用于红白喜事等场合，以增添气氛，具有很强的表现力和极大的艺术感染力。唢呐曲牌丰富，不同场合吹奏不同曲牌，代表曲目有 130 多首。吹奏时，一般采用腹、胸和鼓腮帮联合换气方法。唢呐的音调优美柔和、音域雄浑、音色饱满。

咸丰唢呐还有一种特别的演奏形式——双龙抱柱。即二人（或四人、六人等）合奏时，你吹你的唢呐，我按你的音孔；或我吹我的唢呐，你按我的音孔。这样，演奏出来的曲调跟一个人演奏的一样，和谐、统一，别具一番风味。

咸丰坪坝营镇被誉为唢呐艺术之乡，全镇有 600 多位农民会吹奏唢呐。坪坝营唢呐在 2016 年成功申报第五批省级非物质文化遗产项目。

土家迎亲队伍中的唢呐、小钹(陈小林/摄影)

礼仪文化

悠久的历史,使土家地区的礼仪文化源远流长,内容丰富多彩,文化内涵极其深厚。它是土家人千百年来创造的精神财富,是土家人个性特征与独特精神的重要表现,体现土家人的人生观和价值观。

土家人礼仪文化从总体上讲,体现在省己待客、尊崇文化、睦邻友好、孝老敬亲、敬畏天地自然等方面。从礼仪仪式方面来看,大致包括人情往来四大礼(诞生礼、婚礼、寿礼、丧礼)、祭祀(敬山神、敬鲁班、敬财神、敬孔子、敬祖先、敬土地等)、禁忌,等等。

一、土家禁忌

恩施乃至于整个武陵山区由于山大人稀、交通闭塞,禁忌颇多。其中,有对神灵的崇拜和畏惧,对古老仪式的遵从,对教训的总结和汲取。在今天看来,这些禁忌有些是唯物的、礼仪的,有些是含有宗教迷信色彩的。

(一)嫁娶禁忌

土家人嫁娶禁忌包括忌无春之年嫁娶、忌喜烛不旺,特别是忌让新娘占强(强势),婚礼中往往“争先恐后”,这些“抢先”(新郎新娘争先进入洞房)习俗,反映了父系社会取代母系社会过程中的斗争现实,是一种古老遗风。

(二)饮食禁忌

土家人饮食禁忌包括主人忌不声不响自己先上,“主不请,客不饮”。忌敲空碗,俗语说“敲锅敲灶,没得家教”。吃饭时忌讳掉饭粒、剩饭,这是民间敬谷神、惜谷物的心理表现。

（三）居住禁忌

土家人居住禁忌包括建家宅时需选好地基，基脚不能直接下在河沟里（因为这被称作“冷水洗脚，越洗越缩”，意味着家境会越来越差，财富越来越少）。屋基也不能选在后面有河流、溪水的地方，尤其忌讳屋后有沟水从山上直冲下来，当地称为“冷水洗背”。“冷水洗背”，容易感冒着凉。冷，代表冷清、贫寒。房屋朝向忌坐南朝北，否则，一开大门，就会碰上北风扫堂，居住不舒适。

（四）社交禁忌

土家人社交禁忌包括长辈健在，忌讳子女做寿。客人进门，要热情招呼，主动让座，忌不言不语。招待客人，一般是“满斟酒，浅斟茶”。因为酒比茶贵重，满斟酒体现了主人大方，大方当然代表礼节到位。宴客时桌面要缝朝大门，正宾客坐上席，忌未成年子女上桌共餐。

（五）语言禁忌

土家人语言禁忌包括姓任的，不能喊“老任”，可喊“老本”，因为“老任”隐含着“老人”的意思，自己吃亏了；当然，也不能喊“小任”，因为“小任”隐含着“小人”的意思，人家又不高兴了；姓龚的，女士不能称其为“老龚”，可喊“老弯儿”；姓秦的，女士不能喊“秦哥”。

（六）节日禁忌

土家人节日禁忌包括除夕和正月初一忌吵架，忌哭泣，不准说“死”“病”“背时”“砍脑壳”等不吉利的话。有“正月吵架连天，背时败兴一年”的说法。正月初一不洒水扫地，不往外泼水，以免将“财气”扫出，“银水”不能往外流。

二、祭祀

（一）祭白虎

相传，土家族的祖先巴务相被推为巴氏、樊氏、曋氏、相氏、郑氏五姓部落的首领，称为“廪君”。死后灵魂化为白虎升天。从此土家族便以白虎为祖神，加以敬奉、祭祀，用来驱恶镇邪，祈求平安幸福。古时，每家的神龛上常年供奉一只木雕的白虎。结婚时，男方中堂神桌桌上要铺虎毯。古代土家族先民作战时所持的钎、戈、剑上面，都铸镂有虎头形或镂刻有虎形花纹；小孩穿虎头鞋，戴虎头帽，盖“猫脚”花衾被；门顶雕白虎、门环铸虎头，巴人军乐中有虎钮淳于。

（二）祭祖先

土家族崇拜祖先，特别讲究孝道，认为祖先能保佑子孙后代祛祸得福。许多土家人神龛上供有祖先的牌位或与始祖有关的物品等。

（三）祭土地神

土地神又称“福德正神”“社神”，祭土地神是汉族、土家族、苗族、侗族等民族的共同习俗。土家族信奉的土地菩萨不仅有土地公，还有土地婆。他们希望通过祭祀祈求土地神赐福，使得六畜兴旺、风调雨顺、五谷丰登。

农历“二月二”(古时为立春后第五个戊日)是土地公的诞生日。古代把土地神和祭祀土地神的地方都叫“社”，按照民间的习俗，每到播种或收获的季节，农民都要立社祭祀，祈求或酬报土地神，简称“过社”。春天过社称为“春社”，秋天过社称为“秋社”。

（四）祭鲁班

鲁班是木匠师傅的祖师爷，修房造屋在动工之前，掌墨师领着一班人敬鲁班，表示对鲁班的怀念、祝福，祈祷工程施工安全、顺利。

（五）敬财神

普通家庭希望自己丰衣足食，逢年过节祭财神；做生意的希望自己生意兴隆、财源广进，开业那天更是必敬财神。敬财神起初流行于汉族地区，随着民族融合，土家族聚集地区也流行起来。

（六）祭孔子

土家私塾里大多供奉孔子牌位，也有供奉孔子画像的。每年农历八月二十七日举办圣人会，纪念孔子生日，这一天，家长也被要求参加。有时还会对学业、品德双优的学生进行表彰，并通报全体学生在校的学业、操行情况，宣传文化、教育的重要性。

（七）祭灶神

灶神俗称“灶王爷”“灶神菩萨”，负责管理各家的灶火。敬灶神体现了土家人千百年来对解决温饱的企盼。

第三部分

独蕴匠心

土家族吊脚楼营造技艺解析

精心选址建良宅 世代图强心安逸

吊脚楼，是土家族民居建筑的遗产精华，是土家人的骄傲。

土家族集中生活在武陵山地区，这里多丛山叠岭、沟壑坡地，且多河流峡谷，有“地无三尺坪”之称。武陵山地区处于北纬30°左右，地理气候适应毒蛇猛兽生存。毒蛇猛兽威胁人们的生活安全乃至生命安全。土家人祖先看重住宅安全，逐步由地面搭棚安居或住洞穴生存发展到借助树干和树杈搭建棚屋居住。岁月流逝，社会不断进步。土家人充分发挥聪明才智，总结先人建屋经验，创造性地形成了如今人们可见的吊脚楼——磉礅主柱、飞檐翘角、廊台上挑、柱脚下吊、走马转角、刻雕吊瓜、拼镶窗棂、造型优美且与山川景致和谐一致的艺术品。

吊脚楼营造顺应自然，灵活布局——宣恩彭家寨(董来星/摄影)

吊脚楼营造布局灵活，顺应自然地形地势，分阶筑台，临坎吊脚，陡壁悬挑，壁外出檐。再复杂的地形，其营造形式都相适应。尽管吊脚楼形式灵活，择址适应性强，但土家人信奉屋基是家人的精神寄托，是家业发达的基础，是休养生息的乐园，是关系一辈人或几辈人的生活起居、居养健康、儿女成长环境的大事，因此土家人在修宅造屋时非常注重屋基的选择。

土家人家底不同，认知不同，选择建房地址有所区别。平常人家一般选择在自己所在辖地内，有山有水有耕地，能保障一家人生活且具备生存条件的地方。有山能满足家庭取暖做饭的柴火，有水源能满足家庭生活用水，有耕地能种植稻黍养活家人，依山就势，尽量少占耕地(特别是坪地)。财力雄厚的富贵人家，选址则更为讲究，非常看重屋基周围山势走向、河流流向、建屋朝向等。

背靠青山，前倚绿水的吊脚楼

土家人建房择址大致有以下几种做法。

一、就自然山水景观走向择址

住宅，是心灵的港湾，是人的栖身之所，也是事业的基础，更是财富的源头。都市万家灯火，房宅林立；农村处处层楼，遍缀绿中。

古时土家人建房择址时，非常看重风水。笔者认为，风水学中有价值的部分也可归到环境学或地理学这些学科中。

风水学称“左青龙，右白虎，前朱雀，后玄武”。“青龙”代表东方，“白虎”代表西方，“朱雀”代表南方，“玄武”代表北方。古人把青龙、白虎、朱雀、玄武称为“四大神兽”，即“四灵”，空间上称为“四象”，对应时间上称为“四季”。其主要是指地理方位与“五行”（金、木、水、火、土）属性。但在这里是分别指住宅前后左右的山。一般认为，住宅建筑地址后面及左右两旁最好要有山作依靠，讲究山体厚实。地理学中以前山为“朱雀”，后山为“玄武”，左山为“青龙”，右山为“白虎”。选址原则大致为：背山面水、左右山岭环护的格局。建筑基址背后有坐山“玄武”，若有连绵山脉似龙腾之势更佳；左右有低岭丘岗“青龙”“白虎”围护，无沟壑之缺；前有池塘或河流婉转流过，水前又有远山（也称“朝山”）近丘（也称“案山”）的对景呼应；屋基恰处于这个山水环抱的中央，基址左右前方有数顷良田，周围山林葱郁，前有河水清明。坐屋背靠众山之“势”，即山脉都朝着一定的方向，主脉山体两侧绵延余脉山地，呈环抱之势，称之“有气势”。即使宅基周围山势不能全满足以上要求，也可以用人为建筑物来弥补。

恩施盛家坝小溪村吊脚楼群的自然环境 （吴维 彭晓云/摄影）

笔者于2019年夏季随湖北省古建筑保护中心、武汉大学、武汉工业大学有关专家前往恩施土家族苗族自治州利川市大水井古建筑群李盖五住宅考察。该住宅右厢房中建一“冲天楼”，随往的几名大学建筑系研究生猜测是1949年以前富贵人家为防土匪而建造的。其实不然，经笔者询问负责看守李宅的一位长者（也是李氏后代），他说，是因李宅右旁护山偏弱才修此“冲天楼”的。与“右白虎”之说相吻合，此“冲天楼”有虎昂头之势。这就是人为建筑加以补充的例证。按传统观点，住宅前要有溪水池塘的自然环境，然而现存的李宅前是低洼耕地。笔者与该看守长者攀谈，方知现在洼地在1949年以前是一大堰塘，周围山峰形成的溪水就从宅前塘边流过。在1958年，为了扩展耕地种粮，政府组织民众开沟渠，将溪水引到天坑去了，并将堰塘的水放干后开垦成了稻田。

利川凉雾60公社的吊脚楼群

笔者曾到来凤县大河镇五道水村徐家寨旅游采风，品赏徐家寨景致。徐家大屋场坐北朝南，面前有一青龙山。青龙山，其实是壑。壑中古木参天，树高过寨，形似一条静卧的巨龙，从东向南转而呈月牙形半抱村落。整个徐家寨，建在五道岭那块巨大而又倾斜的青石板上的土层上。其底层板石，上接五道岭，下连青龙山，岭上有龙洞，溪水终年不竭，五道水顺沟而下，汇集到岭下的青龙山。据说这山水之势被识地理、懂阴阳的徐姓先祖徐世秀寻到。徐世秀是明朝开国元勋徐达之孙，自幼喜欢研究风水，为寻找宜居宝地，他携随从、带卫士走遍大江南北，与结伴书生刘沛然、杨胜恒三人选中了青龙山环抱的五溪合流吉地。徐世秀花300两银子买了地，开垦梯田，修建寨落。现在看到的是寨内排排吊脚楼错落有致，寨后800亩梯田绵延山顶。徐氏后裔亦是"茂公朝廷功名显，子孙后代雅人多"(摘自徐家寨九进宅屋中堂神龛联)。

有学者对重庆黔江的草圭堂做过考察。草圭堂背靠一条主山脉，呈南北走向，称为"祖山"。主山脉侧分出一条次山脉，草圭堂就建在次山脉下，谓之"坐山"。草圭堂前溪水流过，溪水前有一片肥沃土地，在不远处又是一片茂密的树林，这便是古人所谓的"藏风聚气"。草圭堂正前方的阿蓬江对岸有一座椭圆形山丘，当地人称"木鱼山"，阿蓬江以半围之状从"木鱼山"下流过，其围合之势，就像草圭堂前摆放着一个"金元宝"。草圭堂东北侧有几座山包，形似一众乌龟，有"三龟六洞"之称，其中最大的乌龟似乎正游向草圭堂。"龟""圭"谐音，"草圭堂"因此得名。草圭堂前面的"案山"是一片连绵山峰，有的似尖刀插向云中，有的像大鹅卵石般圆润，有的似京剧中武将背上插的旗子，风景极为优美。案山左侧是五座似尖刀的山峰，谓之"武峰"，其中一座高大山峰的半山腰处有一个自然形成的山洞，草圭堂的"朝门"没有与正屋大门朝向一致，而是扭转朝向这个山洞。在五座高大的尖刀状山峰下有一排小型尖刀形山峰，端庄秀丽，称之"文峰"，喻之文武辈出。据考察，草圭堂居主李姓确实出了不少的秀才和教书先生，抗日名将李永端也出自草圭堂李氏后代。

二、顺应自然择址

土家人长期居住在武陵山区，追求人与自然的协调，尊重自然，顺应自然，形成倚山就势、逐水而居的建筑理念。

鄂西素有"八山一水一分田"说法(土家人称坡地为"土"，平地为"田")，可见"水"与"田"之珍贵。水见于溪流，坪分布于河谷。鄂西山区是多峡谷、少河谷地区，土家人耕种基本限于坡地，或将坡地改造成层层梯田，舍不得在平地建屋。土家族平常人家选址建屋首选拾柴方便、取水方便、耕种庄稼方便的地方。修造吊脚楼依山就势、"占天不占地"，注重节约土地。土家族吊脚楼建筑优点是以山地为依托，山地特色的"山、水、风、光"四大元素渗入营造中，建筑物与山地自然景观相互映衬，相得益彰，看上去更显层次，视域更加开阔。

顺应自然择址，一是限于单家独户。这不需要屋基太宽，既便于建屋"就势"，同时也便于居住与耕种的方便，"日出而作，日落而息"，耕耙使牛，搬运牲畜粪肥及火土灰肥料都很方便。二是必须有水源。水是养活人畜之需，基址附近一定要有溪流或山中出水。当然土家人形成寨落的并不少见，鄂西宣恩县的彭家寨就是吊脚楼群的典型代表。山寨居于状如"观

恩施盛家坝小溪村吊脚楼群一角

音坐莲”之山的右边山脚，处于两山夹一谷的地貌之中，数十栋吊脚楼依山而建，坐北朝南，屋基都是坡度较大的坡地，依据等高线形成吊脚楼层级。站在寨前眺望，吊脚楼层叠耸立，甚为壮观。寨前一片耕地，耕地前一条小河流淌，形成小河—农田—村寨—竹林—后山层层递进格局。山寨风光旖旎，屋后修竹吐翠，林木葱郁；寨前田野交通，溪流潺潺，好一派田园风光，好一处人世仙居。

选择在交通便利地域建房——来凤百福司镇吊脚楼

三、适宜“耕读”择址

清改土归流后，中原文化逐步传入土家人居住的武陵山区。中原文化讲究“诗书传家，耕读为本”，追求理想的田园耕读生活。特别是中国历史上确立科举制度之后，这种制度造就了两批人：一批人一生或“两耳不闻窗外事，一心只读圣贤书”，或在诗友文豪中的游戏文字中逍遥生活；一批人虽饱读诗书，但科举落第，名落孙山，仕途不及，便苟且厌世。这两批人形成了乡绅阶层。他们逐渐厌倦官场和“闹市”生活，向往在幽静、雅致、“小桥流水人家”的桃花源式的环境中生活。他们在建宅择址方面要求“使居有良田广宅，背山临流，沟池环匝，竹木周布，场圃筑前，果园树后”（《后汉书·仲长统传》），宅子周围流水潺潺，能建楼台亭阁，能植修竹花果，双目企及山清水秀。风景优美、陶冶性情的地方是其理想居所。

恩施盛家坝保存完整的适宜耕读的吊脚楼　（吴维/图三摄影）

诗画田园——咸丰乡村吊脚楼群落

四、便利交通择址

时代变迁,社会发展,中华大地全面建成了小康社会。武陵地区尽管是山区,但水泥公路已经通往村组。这里的人们告别了肩挑背驮时代,年轻人普遍以车代步。很多村民在重新选择住宅时,一是选择政府在村镇集中修建的住宅,二是选择靠公路边自己建造。政府选址集中修建的住宅,要求离集镇稍近,场地宽敞,交通便利。有部分富裕村民重新建屋,他们选址首先考虑的是住宅是否挨着公路,其次考虑水源便利性(亦可不在考虑之列,因村组基本都引来了自来水)。如恩施境内 318 国道恩施至罗针田路段,国道从半山腰穿过,沿途坡陡无坪,一般不适应建造民居。但在近些年,此段沿路民居比比皆是。原因在于:一是这些宅主大多是比较富裕的人家,建造屋基时深挖基础,用钢筋水泥铸牢屋基;二是此地段相距恩施市城区不到 20 千米,便于在城内经商、做工、上班;三是挨着公路,方便运输修建房屋的材料和机械,相应少花人工劳力费用。若有的人家能买上一辆小汽车,此地出行就更为方便。因此他们认为,方便生活、适应生存之地就是好住地。

笔者认为,选择公路里边修造房屋要注意挨着公路的山体要稳固,不易滑坡;选择公路外边营造住宅要注意坡度不宜太陡,基脚要稳固。这种选址不考虑山势走向,不在意自然环境,但要注意房屋朝向。

总之,需要强调的是,土家人择址建宅忌朝向北方,忌大门朝向白岩,忌屋场前虚后空,忌坐屋大门中轴正对山峰,忌住宅建在山堡上。笔者认为,这并非迷信。北风进室,予人之寒;开门见白岩,给人之惧;屋场前后虚空,不安全;屋修山堡,招风纳寒。这都是涉及人们的生存、生活、健康、安全等方面的一般因素。

从自然环境、居养健康、生产生活便利需要等多重因素结合,土家人选择屋场主要考虑以下因素。一是注重环境美学,可人宜心。二是避风(北风)向阳,藏风聚气。三是依山傍水,朝向山坳。四是单家独户。五是坐北朝南,以南面为正向。万一朝东,就要在屋的右边留有空地;朝西,就要在屋的左边留有空地;朝北,就要在屋的后面留有空地;或选择"四维向"。六是屋前要视野开阔,屋后要有靠山。七是相近择邻而居或聚族而居。八是距自己的田土和山林较近,以利耕作管理。九是尽量不占稻田和耕地。十是考虑交通便利。

《地理五诀·玄关同窍歌》:"知妙道,玄关一诀为至要。识真情,玄上天机窍上分。漫说天星并纳甲,且将左右问原固。先观水倒向何流,关玄造化此中求。内外玄关同一窍,绵绵富贵永无休。一窍通关作大媒,玄中交媾亦堪求。若是玄关俱不媾,局堪图画没来由。重重生气入关中,连逢三五位三公。转关一节逢生旺,便知世代出豪雄。不论阴阳纯与杂,犹嫌墓气暗相攻。其间造化真玄妙,不与时师道。吾今数语吐真情,不误世间人。"这说明所谓择屋基与诸多事物现象相联系,不可一蹴而就,不要过于迷信。

择址造宅,笔者认为终究选的是居住环境。青山绿水,出行便利,舒适宜人,康养可心……这种居住环境便是好"风水"。宜人环境使人心情舒畅、延年益寿,让人有满满的幸福感。

良辰吉日宜修造 岁月日时探神秘

古时土家人敬畏神灵，亦信奉神灵。

在土家人的传说中，天有神理事，地有仙管治，人有生辰命运，而人们行事生活需顺应天理，不能强势逆行。那时土家人认为修造住宅是一生乃至关系到子孙平安居住、富贵发达的大事，在营造过程中需小心谨慎，方方面面不得冲撞神灵，每个阶段关键之处要祈祷神灵保佑，平安无事。“时日”关乎天体运行、吉神理事、人生花甲、五行运道等方方面面，所以土家人在修屋置业、婚丧嫁娶时都把选“好日子”看得非常重要。

古代在进行吊脚楼营造时，屋场动工、定法稷、伐青山、立马、起造、安磉磴、排扇、上梁、盖屋、安大门、立烟火(请火)等都要选择吉日。能选择吉日的先生必是知《易经》、算甲子、懂八卦、通五行、明四经(东西南北四个方向，木东，火南，金西，水北，各有其位)的“风水师”。如《象吉通书》所说，“在岁宫交承之际，竖造舍宇，必须先看五行年月，运白得利，待等新旧岁官交承之际，先择吉日应待，便请祖先福神香火，随符便吉，遇吉方起工架马，修葺木料，候其大寒五日后，择日起手揖屋，宜在立春前择竖造”。引述文字表明择日与五行、二十四节气、吉神值班、甲子等方面互相牵掣又互相联系。

夯锤卯榫

立屋——恩施土家人的盛宴

立排扇

钉椽条

一家建房，全村人帮忙——恩施土家人延续至今的传统

选择吉日，有诸神值班吉日，有诸神偷修(休)吉日，有甲子吉日，有大寒季节吉日等。所谓“偷修日”，顾名思义就是诸方神仙偷着休息(或修养)或没有在岗的日子。有人称是八大长生中的临官帝旺日。如：甲木长生在亥，从亥到临官为寅，甲寅日乃偷修日。乙木长生在子，从子到临官为卯，乙卯日乃偷修日。丙火长生在寅，从寅到帝旺为午，丙午日乃偷修日。丁火长生在卯，从卯到帝旺为未，丁未日乃偷修日。如九天玄女偷修吉方及日：壬子、癸丑、丙辰、丁巳、戊午、己未、庚申、辛酉。此八日乃是凶神朝贺天帝去了，皆不理事，地下八方吉庆，任从八方起工修造，百无禁忌。九天玄女，传说她是西灵圣母元君之弟子，是一名军事家，黄帝得到九天玄女的辅助与蚩尤逐鹿中原，天下始得大定。后来刘邦、薛仁贵、宋公明、刘伯温都得到过九天玄女的帮助，杨救贫就是因为得到了九天玄女的无字天书、铁灯盏和赶山鞭三件宝才成为风水界祖师爷。《民间实用通书》告诫，“偷修日”进行营造大事并不是没有凶煞，“仅可小修耳”，大的修造则要选择吉日。

选择吉日与每日甲子有关。修建房屋过程中，选择吉日甲子也有所区别。如动土宜用甲子；入山伐木选用吉日；起工架马选用吉日；定磉排扇选用吉日；竖柱选用吉日；上梁选用吉日；盖屋选用吉日；造门也选用吉日等。

以上吉日也不是绝对的。动土营造，大寒期间是民间选择吉日常用的日子，但民间有“前三后四”说法。所谓“前三后四”，就是进“大寒”后到第三天和“大寒”即将结束的后四天。

大寒期间的前三天和后四天要看日子,其间若干天可任意动土营造。

土家人营造房屋及举办其他活动选择好日子,在民间流传年代久远,是否有它的应验性和合理性,笔者不予论述,此处仅概述说明而已。《鲁班经》和民间流传的《象吉通书》《玉匣记》及历书在吉日选择叙述方面也各有千秋,选择参考可满足人们的心理需求。

笔者认为,营造房舍及兴起实业,选择吉日,仅唯心之说。不过,它是民间流传甚久的信仰,也可以认为是土家人敬畏天地神灵的一种传承。我们辩证地看待这一现象吧。

十八流程须用心 步步关联高楼起

吊脚楼营造做好选址、备料这些前期工作后，工匠营造吊脚楼有如下十八道工序，相互之间既关联又独立。土家人营造吊脚楼可以不用图纸，一栋房屋就在掌墨师的脑海中。这就要求掌墨师在每一道工序中都要把关，关键之处得亲力亲为。

一、放线平屋基

宅主在选定屋场的基础上，请帮工根据地势坡度进行设计（或一字屋，或钥匙头，或撮箕口），切挖出地基。掌墨师根据山势地形决定朝向后，根据宅主建房的开间、进深大小要求，再牵绳用石灰画出地基线。若宅主原有正屋，只建吊脚楼，吊脚楼与正屋呈垂直形式，不用选择朝向。一边的三间吊脚楼，应后一间与正屋屋基齐平，前两间起吊。

二、现场裁料、解料，搬进屋场

工匠或帮工砍伐木料后，经过一段时间的日晒雨淋，木料中水汽蒸发，工匠按大致尺寸（偏多不少）裁好立柱、骑柱和檩子，同时选粗直的木料按尺寸解好穿枋、斗枋和木板，选细且短的木料按尺寸解成椽皮。选用杉木要现场剥皮截枝去梢，选用枞木要现场用斧片皮（粗加工）截枝去梢取直。宅主在此基础上，请帮工将这些粗加工的料搬回屋场码好。枋料、木板、椽片要码成三角或四方形，便于空气流通、阳光照射，使料变干。

三、扎滚马

滚马是用于放置需粗加工的立柱和骑柱的工具。宅主选好较平的场地，工匠在四角放置两对坚实的木马，并在一对木马上横架一圆木，用抓钉将木马和横木相互钉固，另一对木马也如此，再往横架的圆木上放置建屋的立柱和骑柱。另外，还要另辟一块平地放置几对木马，支好码板，便于工匠刨凿枋料。

四、滚柱头

工匠用斧头和粗刨对放置在滚马上的立柱和骑柱进行粗加工；依据房屋高度，锯去多余部分，使之直且圆。以“五柱四骑”一扇架排列，五柱分别为中柱、金柱、檐柱、大骑柱、二骑柱。若建正屋三间四扇，计各类柱头 40 根，要记清各自高度尺寸，切平两端，尺寸留有余地。

五、清枋

清枋是匠师确认斗枋、穿枋及前后大挑等构件的数量和尺度是否有误的过程。如横向联系排扇的斗枋有门槛枋、大门枋、神堂枋、地脚枋(又称“落檐枋”)、楼枕枋、照面枋等;纵向联系立柱和骑柱的穿枋有地脚枋、一穿枋、二穿枋、三穿枋、四穿枋、顶穿枋等。“挑”有硬挑(一块枋穿过整排柱头,两端直接出挑)和软挑。硬挑在恩施少见;软挑有直挑、大刀挑、牛角挑、板凳挑、双挑、反挑等样式。枋和挑的长宽厚的尺度也有区别。如穿枋的截面尺寸一般厚 2 寸、宽 3—6 寸。建房每高一层,截面宽尺寸加 0.5 寸;在与中柱交接位置的穿枋,按实际调整厚度。斗枋宽度最低 6 寸,每加高一层,宽度加 0.5 寸,三层的吊脚楼最少 7 寸。斗枋的厚度一般为 1.8—2 寸。照面枋宽要 8 寸以上。大门枋一般宽 8 寸,厚 3.2 寸。挑的后端截面最小尺寸宽 2.5 寸,厚 6.5 寸。前端升起部分随建房“小样”确定尺寸。

六、做规矩

做规矩是匠师将斗枋、穿枋刨平取直及将挑刨平,并将大挑取好翘起样式的过程。其中,挑枋构件的构造做法较为独特,工匠利用天然弯曲的山地林木根脚部分加工制作刀形挑枋,挑枋弯曲向上承托檩条,使得出檐部分的悬臂结构在受力上合理,既符合承受竖向荷载的结构要求,又创造出土家族吊脚楼独具特色的造型艺术。

七、掌墨师发墨

掌墨师发墨的过程,即掌墨师在预制的“丈杆”上画线和在建房木料上弹墨线标记的过程。匠师将营造房屋各构件的尺寸先画到一杆竹篙尺上标示,工匠再将画在竹篙尺上的尺寸转移到房屋构件的木料上弹线标记。此道工序要相当细致,不可有半点马虎。

掌墨师发墨(视频截图)

八、起篙查错

匠师要将“丈杆”上标示的斗枋、穿枋榫卯的眼子位置和尺寸复核一遍,查看是否有“争眼”现象。如大挑与后挑争眼,就要调整错位。

九、挑田凿眼

工匠按照掌墨师发墨时在建房木料的构件上画下的尺寸标记，精细加工各构件木料，进行穿、斗眼锁孔的加工，直至构件各榫卯成形适合为止。

木匠师傅挑田凿眼

十、洗眼上退

洗眼上退是匠师先在一根按尺寸加工好的木块(又称“退尺棒”)上比照画线，然后根据此木块尺寸在相应柱头上画出枋口尺寸，再用凿铲清洗枋口的过程。匠师在此操作过程中，人站左边，右手拿墨签，左手拿标样木块，与每根柱头和骑筒由下向上推，不能出错。如果大意，出错一个就得回眼。

十一、做榫

做榫是匠师在建房木料各构件的某一部位或端头制作榫头的过程。如中柱下端开凿十字形榫卯口，其中沿开间方向设马牙榫，用以连接地脚枋；上端开凿馒头榫卯口，放置檩条和大梁；中间根据穿枋位置开凿方形槽口或肩膀榫槽口。檐柱、金柱与中柱一致。骑柱上端与金柱、中柱一致，下端不落地，直接开凿顺身槽口，卡落在一穿枋上。将军柱因不与排扇水平垂直，在其中间部位开凿斜向方形槽口。

十二、告磉磴

木架构房屋挨近地面的柱脚，因地面潮湿担心腐朽，一般在落地柱的下端立一柱础，称之“磉磴”。一般正屋先告磉磴后立扇，厢房是立扇后根据屋架高度在落地柱下端塞填石块或石蹬。告正屋磉磴时要注意两点：一是在确定朝向后，正屋三间四排扇的立中柱的磉磴呈一直线，然后用绳与前后左右立檐柱的磉磴四角拉直成长方形，对角线相等；二是利用吊墨线或水平管的方法确保整体落脚柱的磉磴都在同一水平高度。

十三、排扇

排扇要先备木楔、响锤,放置一旁。掌墨师带领工匠清理柱子、枋片,然后排扇。先排中柱,再用一穿枋将中柱、大骑、二金柱、小骑、檐柱沿进深展开的柱子串连起来,形成一榀排扇。排好一个部位用响锤撞击到合适位置,用木楔闩紧。正屋排扇先从东边开始,先两边(山头),后中堂。厢房排扇先里(挨近正屋的两扇)后外(吊脚楼屋扇)。

排扇

十四、立屋架、角斗

立屋架、角斗是将放在屋基地面上的房屋各榀排扇立起来并安装连接枋固定起来的过程,亦称“发扇”。正屋立扇先立中间排扇,用斗枋串起来后,再立山边的排扇。厢房立扇先立中间的两扇,并连接将军柱,后依次立挨近正屋的后排扇和吊脚楼的前排扇。立屋架时注意两个环节:一是屋架立起后,先将几扇的中柱牵线成直线,然后利用拉对角线予以矫正,对角线相等长方形就正,角也就正,这也就是“角斗”过程。“角斗”矫正后再连地脚枋。二是用“牵牛”或响槌(都是用结实圆木穿进木把或套上绳索当槌使用)将各构件撞紧榫接,并用木栓闩紧。

十五、上梁

上梁是指正屋中间架屋正中的那根梁。上梁前,掌墨师要先祭梁和赞梁。上梁的人,须是德高望重的族人,分别坐在堂屋左右两边排扇的顶上,各自将手里的红布抛下系住梁木的两端,然后在掌墨师边说祝辞赞歌时边往上拉。当屋梁拉到屋顶时,不能马上把梁放到中柱顶部榫口,要等掌墨师一声令下,点放爆竹,左右拉梁的两人同时把梁嵌进中柱榫口。千万不能一前一后,或者等很长时间不安嵌。屋梁上好后,掌墨师边说祝辞赞歌边向堂屋四周甩梁粑粑。

升梁木

十六、上檩条、钉椽皮

工匠将直径在12—18厘米的圆木檩条放置在屋架两扇直立的柱和挑枋的顶端开凿的凹口上。椽皮平行于排扇方向平铺在檩条上，用铁钉间隔钉牢。土家族吊脚楼的椽皮厚度为0.6寸左右，宽度为3.8寸。相邻两条椽皮间的净距为4寸。土家俗语称之为“三八角子四寸沟”。

十七、撩檐短水

工匠在屋面钉好椽皮后，在椽皮檐口下端牵线锯齐整，再钉档瓦条，防止屋面瓦片滑落；很多人家还钉上刨饰花边的吊檐板。同时对正屋和厢房的屋面连接处过好沟底。“过沟底”讲究正屋与厢房屋面水面的统一，讲究两边屋水面与沟底水面的适合，否则就会盖不好瓦，导致漏雨。其关键处理方式是:在正屋与厢房的屋架转折交接处分别设一前一后两根斜梁,其作用是将垂直方向的两组檩子统一与斜梁进行连接,使其结构更加稳固。关键是两根斜梁的水面坡度要统一。撩檐短水还要做到“四檐平”,也就是将房屋四面的檐口齐平,四个檐角在同一水平面上;厢房屋檐与正屋屋檐也同在一个水平面上。其构造做法是将厢房四周的外挑檐檩做成同一水平高度,在正屋与厢房的转角部位不设角挑枋,由两个垂直方向的挑枋结合挑檐檩承托屋檐重量。除此之外,有的工匠在屋面水面方面还讲究“升山”“踩檐冲脊”。所谓“升山”,就是吊脚楼屋架的中排排扇柱高不变,将由内向外的排扇柱(或将军柱)的高度依次抬高,依次抬高的高度一般是 3 寸。所谓“踩檐冲脊”,就是通过将中柱和檐口高度抬高使屋面形成一个较缓曲面,增加其建筑造型的美感。

十八、盖瓦

土家人为了让住宅与周围环境协调和谐,形成整体美感,木构架正屋和厢房的屋面一般覆盖小青瓦。也有极少数人家利用当地石材,在屋面覆盖薄石片或利用当地茅草、杉皮覆盖屋面(18 世纪以前有此现象,现在基本没有了)。工匠在盖瓦时,从屋檐的边缘向中间覆盖,先铺沟瓦,再盖扑瓦;檐水用几块形状相同的不完整瓦片相叠,支撑起檐口瓦片的一端,形成反翘之势。屋脊用小青瓦叠砌成不同的造型样式,其部位主要在脊筋、脊腰、脊角。特别是脊腰叠砌的“脊花”讲究美观,如铜钱形、元宝形、展翅形等。讲究的人家,另外专用瓦面为凹陷弧线、正面呈三角形并附带装饰图案、长约 12 厘米、宽约 12.6 厘米的滴水瓦。沟头瓦瓦面弧度与小青瓦契合,仅在端头下垂 4 厘米,并附加装饰图案。

盖瓦造型

十八道营造工序结束,一座美轮美奂的一正单吊或一正双吊的吊脚楼矗立在青山脚下,掌墨师及工匠们兴高采烈,宅主的成就感油然而生。

吊脚楼内部装修的简单与精美

吊脚楼内部装修简单，但不粗糙，凸显大方、朴素；装修精美，但不臃肿，含蓄雅致，尽显文化。宅主们根据自己的意愿，各建所需。

吊脚楼内部装修可细分为枕地板与楼板、装壁、做楼梯、嵌窗做门、雕镂刻画等。

精美的土家族吊脚楼装饰工艺

一、枕地板与楼板

土家族木架构正屋和吊脚楼(厢房)一般为二层结构,一层地板和二层楼板用木板铺设,不留缝隙,称为“板楼”。正屋火塘及厢房灶屋部位楼上用木条或竹片铺设,木条或竹片之间留有空隙,便于柴火烟灰上窜及楼上烘炕粮食谷物和吊炕猪肉等,称为“条楼”。

土家族木构架房屋的地板、楼板一般沿着屋架进深方向进行铺设,垂直于楼枕方向进行平铺。地板铺设之前要加设地枕并固定好。平铺采用直线铺设方式,可以加强整间楼面的整体性。若受到木板长度限制,可以采用分段铺设。分段铺设楼地板时,每一段木板的长度主要受到楼枕的间距影响,每一段地板、楼板的端头都要落到地枕或楼枕上。这样才能保证各段楼地板能够无缝衔接,同时保证受力的稳定性。

装签子(干栏)走廊、镇板(地板)

地板做法是将加工成片状的木板朝楼上的一面刨光滑;楼板做法是将加工成片状的木板朝楼下的一面刨光滑或两面都刨光滑。再将刨锯规范的木板进行企口拼装,或用并联拼装、压边固定的拼装方式固定。

企口拼装做法是将楼地板两侧外制作成一凹一凸榫卯(又称“公母榫”),木板相互衔接铺设形成整面楼地板。

并联拼装做法是直接将木板两面刨平滑后,木板的一侧装上竹钉,另一侧钻上与竹钉对应的孔,再并排将竹钉对孔撞紧连接固定形成整面楼地板。

压边固定拼装做法是楼地板在企口拼装或并联拼装基础上,在其两端边缘处用板壁或栏杆的下槛木枋压住并使其固定。

二、装壁

土家族木架构房屋(正屋、厢房)墙身沿袭古建特点——不承重,仅有围护的特点。墙身做法大致有四种:装板壁、砖石封墙、土夯成墙、竹块编织围护。

装板壁的建筑材料以木材为主,也是吊脚楼常见的墙身装饰形式。木工师傅具体做法有三种:平缝、一板一含、落膛。“平缝”做法就是在做墙身的位置先嵌好撑枋,再在撑枋上下两端嵌进腰枋,撑枋和腰枋嵌板壁的一侧要刨好槽口,并在撑枋和腰枋连接处做龙牙榫交叉形成十字形框架,框架中嵌入由公母榫拼合的木板。平缝板壁平正美观,木构架房屋外墙身多采用这种做法。“一板一含”做法就是在墙身位置先嵌好刨好槽口的撑枋和腰枋(槽口只限装板壁的一面),然后将一块块对缝的木板放整齐,在一面整体画好梯形的槽线,木工师傅用梳锯和板锉锯凿好梯形凹槽,同时将对应的木块嵌在凹槽中,拼装成整体木板,再将整体木板壁嵌在框架中。“落膛”做法是先将墙身位置嵌进腰枋,上下腰枋镶嵌木板的一面要刨好槽口,再将木板的两端用斧削制成斜面后嵌进腰枋槽口。“落膛”做法一般只限于正屋及厢房的二层扇口间的部位。

少数人家在正屋和吊脚楼外围用砖石封墙或土坯夯筑成墙,优点就是能防火防盗,冬暖夏凉。为通风散热,也有极少数人家用竹条编织做墙身围护。竹条编织做墙身比较简陋,一般只做在山墙面和吊脚楼底层。

装壁

三、做楼梯

土家族吊脚楼楼梯连接方法主要是嵌接、钉接和卯接。楼梯类型分为三种:梁板式楼梯、踏步式楼梯、井框式爬梯。其中,井框式爬梯构造方式最为简单。

梁板式楼梯是由两段矩形条状木枋作为其主要的承重构件,斜枋上开水平榫口,嵌入片板状的楼梯踏面。梁板式楼梯的承重构件是两块斜枋。斜枋开凿榫口有两种方式:一种是在斜枋上水平开凿梯形槽口,槽口深度一般为斜枋厚度的一半。楼梯踏板两端开凿肩膀榫后,再将楼梯踏板水平嵌入斜枋槽口。另一种是在斜枋上水平开凿矩形槽口,槽口需将枋凿纹牙榫,楼梯踏板两端做凸字形榫,榫头中间留一道50厘米左右的缝隙,踏板榫头穿插进两边的斜枋槽口后,再将三角形木销钉入缝隙中,使得踏板与斜枋连接固定。

踏步式楼梯在构造做法上与梁板式楼梯相同,仅在其基础上加设一侧(或两侧)栏杆扶手,踏板构造上增加垂直挡板。踏板下侧通常还隐藏有木质斜枋,以加固踏板受力薄弱的中间部位。踏步式楼梯坡度相对较缓,常采用回旋的两折段,使得楼梯长度增加。

楼梯——有单向、双向之分

四、嵌窗做门

门按其部位分寨门、朝门、房门。寨门一般用于防御,多用石块或火砖砌筑而成门框。朝门是大型宅院用以补充房屋朝向、辅助宅院大方美观等的门。房门类型有六合门、双扇门、单扇门、扦子门等。房门从建造工艺方面可分为实拼门、框档门、槅扇门等。

朝门可空可装,可简可繁。简单则门两边立长条石方,装上实拼门。繁复可在门两边立雕柱,中间装上缕雕画壁,上端建斜面瓦盖,四角建扳笊翘角。

木架构正屋和厢房门的建造是内部装饰的重要方面。实拼门主要用来作房屋外围的门,如大门、侧门、后门等。其做法是:单扇、双扇均由木板拼成,拼成时木板与木板之间用竹钉卯紧,门后加装龙骨(在拼成木板的后面锯凿成梯形槽口,再用对应的梯形木块闩紧)。实拼门牢固耐用。框档门又称“镶板门”,主要用于房屋内部空间的分隔。其做法是:先用实木做成框架,边框、横框连接处用龙牙榫拼接,中间镶嵌门芯板。框档门轻巧美观。槅扇门(又称“格扇”）是传统建筑常用的空间隔断做法，常用作民居堂屋中的大门。其做法是：由立向的边挺和横向的抹头组成木构框架，抹头又将格扇分成槅心、绦环板和裙板三部分。槅心占格扇的五分之三，由棂条拼成各种图案。堂屋中的一组槅扇大门，根据堂屋开间灵活组成，或四扇，或六扇，或八扇。平时只开中间两扇，其余用木闩固定。按《鲁班经》说法，“登不离三，门不离五，床不离七，棺不离八，桌不离九”。“门”的大小宽窄，其尺寸末尾不离“五”数，象征“五福临门”。

大门组合

窗，是木架构房屋内部装修重要部分。其窗户类型大致分为直楞窗、平开窗、花窗等。

直楞窗在墙壁中间部分偏上部位用木条固定四面方框，方框面积1平方米左右，中间支几根木楞，不能开启。直楞窗构造简单，造型朴素，多用于石砌或土夯的外墙。平开窗，或分为两扇，或为一个整体方框，可推开，多装饰在吊脚楼厢房外壁。花窗指固定于木壁有花纹图案的窗，不能开启，多装饰在正屋前壁和厢房中间一间及外间的二层楼外壁。花窗构造复杂，棂条拼接的图案变化丰富，或斜纹，或冰裂纹，或曲纹；其建造风格，或龟背锦，或灯笼锦，或步步锦。“龟背锦”是以木条拼合成窗，其形状像乌龟背部的龟纹。龟纹是玄武神的象征，寓意健康长寿，无病无灾。“灯笼锦”是在窗棂中嵌入灯笼的象征图案，层次丰富，有透雕效果。其图案象征宅主财源不断，丰衣足食。“步步锦”是由直棂和横棂交错构成规则的几何图案，直棂和横棂各自端头嵌着对方的中部与边部形成丁字形状，直棂、横棂在窗中由外向内，由长逐渐变短，彼此连接形成一步步变化的图案。“步步锦”表达宅主事业上步步成功，仕途上步步上升。

窗户类型

五、雕镂刻画

吊脚楼历史悠久，土家世代传承，继有蓬勃发展势头，不仅有它的实用价值造福于土家儿女，更有它的美学价值流芳百世。吊脚楼“亮柱”上描绘的双龙飞天、丹凤朝阳，柱础上刻雕的鼓亚组合、花草虫鸟，吊爪上凿绘的荷叶托盖、葵花莲蓬，棂窗上雕刻的蝙蝠龟蚌、棂纹万种，飞檐翘角上镶接的神雕展翅、龙腾含宝，撑枋上刻绘的儒学故事、伦理榜样，等等，都呈现出无限的想象空间，展示出无尽的美，蕴含着深厚的文化底蕴。

有着深厚文化底蕴的土家族吊脚楼装饰艺术

吊脚楼的内部装饰，其艺术和文化的表现主题主要为自然主题、纹样图腾、生活追求、美好愿景等。

自然主题：植物类如梅、兰、竹、菊、牡丹、荷花等，这一类都有其寓意，或高贵，或吉祥，或典雅；飞禽走兽类如凤凰、喜鹊、黄鹂、蝙蝠、狮子、老虎、飞龙、鲤鱼等，这一类象征着或喜气洋洋，或福寿双至，或家道兴旺，或仕途上升。

纹样图腾：纹样如窗及栏杆装饰的回纹、菱形纹、冰裂纹、万字纹等，其呈现给人们的是一种韵律美；图腾一般雕饰在柱础四周平面和四合天井的石碑上，主要表现出对祖宗的崇拜，对历史的尊重。

生活追求方面的装饰：表现为雕刻、绘制在梁、枋、驼墩等部位的土家人劳作、耕种、渔猎场景和古代人物游玩及修行的情景，这一方面的艺术和文化表现主要是通过匠师运用浪漫主义手法，突出典型细节，隐藏空间想象，体现土家人对田园生活及安居乐业的向往和追求，体现了土家儿女的家风美德及教育后人不遗祖训、耕读为本、忠孝齐存的愿望。

体现美好愿景方面的装饰：其创作意向要是正能量的，图案要是富有喜气且美好的，故事场景要与土家人追求真善美的愿望相契合。

简单、节约、经济，也有纯和美的存在；精美，视觉舒适，更含文化元素且有无尽美的享受……各得其所。

第四部分

走向振兴

土家族吊脚楼“非遗”保护与传承

土家族吊脚楼的传承价值

巢穴，是人类最初的居住形态，土家族也不例外。土家族吊脚楼，是土家人在长期的生产生活实践中创造出的栖居文化，也是土家人与大自然和睦共度的岁月见证。土家族吊脚楼一路走到今天，营造技艺不断创新，文化内涵越来越丰富，呈现的形态更是千姿百态。它已经成为世界建筑领域的重要组成部分。从建造技艺的口口相传、多元文化的包容相济，到行业制造规范、建筑营造标准化，充分印证了土家族吊脚楼的综合传承价值。

一、“宜山宜水宜平地”——吊脚楼的生态价值

（一）山水交融的聚落布局

山是大地的骨架，水是万物生机之源泉。

依山傍水是住宅选址的基本原则之一。考古发现的原始部落几乎都在河边谷地，传统聚落大多分布在河流较多的地区，这些地区不仅是人类文明的发源地，同时也具有丰富的自然资源和良好的生态环境，成为人们选址建房的首选。

在鄂、湘、渝、黔毗邻的武陵山区，分布着数以千计、风格各异的土家族吊脚楼群，这些传统聚落分布在平坝、河谷、丘陵、盆地以及高山地区，不仅历史人文底蕴深厚、地域文化特色鲜明，也成为人与建筑、环境和谐共生的典范。

自然生态环境是人类赖以生存的基础，也是文化创造的前提。《礼记・王制》云：“广谷大川异制，民生其间者异俗。”土家族聚居的武陵山区，总面积约 10 万平方千米，境内崇山峻岭、沟壑纵横、溪流密布、峡谷幽深，平均海拔在 1000 米左右。因此，土家族所在的武陵山区素来就有“八山一水一分田”之说。

土家族是一个山地民族，大山始终是他们的依托。土家人世代居住在山，奔走在山，耕种在山，吃喝在山，交往在山。他们在长期的生产和生活实践中，逐步形成了一种尊崇自然、返璞归真的生态理念。因此，土家族聚落的选址和建设通常都十分讲究对山水的利用，或依山傍水，或沿河而居，这是土家族在坡陡地窄的严峻自然条件下的必然选择，而吊脚楼则是适应特殊地理环境下的生态建筑。

武陵地区山高坡陡，在斜坡上建房如果采用底层全部架空的全干栏式建筑显然无法保证房屋的稳定性，同时还会造成建筑木材的浪费。土家人经过长期的实践，吸收了中原建筑与西南少数民族建筑的精华，创造出了一种结构稳定又省工省料的建筑形式，即先在山坡上开挖地基建成横向的穿斗式木结构平房，然后利用斜坡地势将左右厢房建成纵向的底层架空的吊脚楼形式，形成“天平地不平”的形制，这种建筑形式不仅具有良好的通风防潮效果，而且最大限度地利用了建筑空间。

武陵地区山川地貌缩影

吊脚楼的建筑样式,表现出极强的山地适应性,缓坡地段,平面前移,扩展底层空间;陡坡地段,或平面后移,前部筑台,挖填可取平衡,或平面前移,加层悬吊争取更多空间。复杂零碎地形以调整楼与地面比例的方法,灵活采用纵向、横向或双向吊脚,以方补缺,随曲合方,长短吊脚等均可应付自如,不仅最大限度地拓展了日常生活所需的建筑空间,同时又与周边自然环境融为一体,和谐共生。

山里人有句话,叫“山有多高,水有多长”。土家人一般依山腰而居,择有水源之地建房,一年四季,可谓沟水长流,山泉不断。吊脚楼聚落依山的形式有两类:一类是“土包山”,三面环山,凹中有旷,一面敞开,房屋隐于万绿丛中;另一种形式是“屋包山”,即房屋覆盖着山坡,

吊脚楼的建筑样式，表现出极强的山地适应性

从山脚一直到山腰。吊脚楼通常为南北朝向，东西是河谷的依山傍水之处，从而使村落不受西北风的侵袭，夏季享有河谷吹来的凉风，形成宜人的气候。交错存在的吊脚楼，依据各自的特点与美学，承载着人们从古至今的意愿——山水交融、诗意栖居。

土家族传统聚落以适应环境作为营建的指导思想，以依山傍水作为选址的基本出发点，这种潜意识的民族心理反映出土家族建筑文化朴素的自然生态观。如被誉为“人间仙居”和“吊脚楼头号种子选手”的湖北宣恩彭家寨，背靠观音山，面临龙潭河，寨前田园阡陌，寨后竹影婆娑，各种类型的吊脚楼掩映在青山绿水之中，非常符合自然之道，堪称武陵地区土家族传统聚落的典型选址和人与自然和谐相处的典范。著名建筑学家张良皋先生曾以歌咏赞叹：“未了武陵今世缘，频年策杖觅桃源。人间幸有彭家寨，楼阁峥嵘住地仙。”

土家族之所以崇尚这种依山傍水的居住环境，一方面是为了节省仅有的耕地，另一方面也是顺应自然环境的结果。土家人讲究“柴方水圆”，建房多选择依山傍水之地，按照他们自己的话说是“后有青山重重岭，前有玉带水汪汪”，也正好印证了中国传统的生态理念，追求的是一种人与自然的和谐相处。

“后有青山重重岭，前有玉带水汪汪”

土家人认为人与自然是和谐共处的关系，因此，人们在选址时必须考虑三种因素，即森林、水源和可开垦的良田。同时，土家人相沿“聚族而居，自成一体”的传统，村落布局一般以聚族而居为基础，形成相对独立而又彼此联系的山寨。这些山寨皆依山而建，分台而筑，鳞次栉比，形态各异。屋后青山环绕，门前溪水潺潺，其建筑群与河流山林巧妙结合、相互辉映、浑然一体，宛如一幅幅优美的山水画，充分体现了土家人朴素的生态意识和对人与自然关系的感悟。

（二）就地取材的生态智慧

“天有时、地有气、材有美、工有巧，合此四者然后可以为良。”

建筑上的“天人合一”不仅是建筑形态与环境的和谐统一，还包括建筑材料与自然环境的和谐统一。从取材上看，武陵地区土、木、石等天然材料甚为丰富，建造吊脚楼就充分体现了土家人因地制宜、就地取材、因材设计、就料施工的伟大智慧。吊脚楼中大量自然材料的运用同样体现了“天人合一”的思想原则。

中国传统建筑是世界上唯一以木结构为主体发展起来的建筑体系。这不仅仅是因为中国的木材分布广泛，容易获取，更深层次的原因是中国人天然对自然的热爱与尊重。木材深沉、含蓄的自然美既可以跟周围环境融为一体，又符合中国人的审美性格。因此，轻巧、坚韧、易于加工的木材便广泛应用于中国传统建筑中。

武陵地区由于独特的地理位置和多山的地理环境，森林资源十分丰富，自宋代以来一直是皇家木材采办的主要地区之一。尤其是土家人聚居的乌江、清江、酉水流域历史上盛产楠木，明清时期多次向皇家进贡，据说北京故宫建筑就曾用贵州、湘西等地的大楠木作柱梁。即使到今天，土家族地区的森林覆盖率依然很高。以鄂西南土家族地区为例，2018 年恩施州森林覆盖率达到 64.65%，林木绿化率 73.63%，故被誉为“鄂西林海，华中药库”。丰富的森林资源为木结构建筑的兴建创造了条件，使得土家人可以就地取材，节省了材料运输成本。

中国传统建筑是木头的史诗。木结构建筑在材料的使用、劳动力的调动以及施工时间等方面，较石结构建筑有着无法超越的绝对优势。事实上，土家族吊脚楼因使用穿斗式榫卯结构，由长柱和瓜柱直接承檩，与穿枋一起构成主要承重构架，不仅结构稳固，而且对木材的要求远没有抬梁式构架那么严格，用较少的材料亦可盖起双吊式甚至四合院式的吊脚楼。

土家族吊脚楼营造技艺中的“挑、转、吊、连”

土家族匠师们在房屋建造过程中还充分利用木材的强度，使其处于顺弯抗压的受力状态，用于悬挑承受更大的荷载，在这方面最有代表性的莫过于吊脚楼的“牛角挑”(俗称“挑枋”)。“牛角挑”的形成源于构件功能与材料特性的自然结合，挑枋截面随荷载力臂增大而自然扩大，合理地解决了水平悬挑构件承垂直荷载的问题，可以说是土家族利用自然、改造自然的聪明才智的体现。

除了木材，建造装饰吊脚楼还会用到青瓦、石头、竹子、筋带(树藤)、桐油等。而这些材料都是地方性建材，容易获取，符合生态3R(reduce，减量化；reuse，再使用；recycle，再循环)原则。这不仅节省成本，减少了对资源的破坏，而且还能反映出独特的地域特色，因为地方建筑材料本身就是对当地自然气候环境适应的产物。同时，新建吊脚楼时，旧房子拆下来的木材还可以重新使用，减少了浪费，体现了传统建筑用料的地方性和经济性原则。

善用地方性建材，是土家族吊脚楼建造的一大特色，也是其朴素生态观的体现。而地方性建材产于地方，在色彩、质感上都能与环境完美地融合，使建筑仿佛是从自然里“长出来”的。建筑是文化的载体，它凝聚着当地人民的智慧和创造才能，运用具有地域色彩的地方性建材能唤起人们情感上的共鸣。

吊脚楼源于乡土，原本原色，不施朱颜，虽粗犷但不失纤巧，貌拙朴而不失轻盈，素净大方，端庄淡雅。在建造中，人们一方面会适应环境，就地取材来建筑自己的房屋；另一方面也会在经济条件允许的情况下，选择大自然中的珍稀木材来装饰自己的房屋。但不论是就地取材，还是选择珍惜的木材，都体现了顺应天地、顺应自然、渴望人与环境和谐统一的观念。

湖北省咸丰县被誉为“干栏之乡”，也是国家级非物质文化遗产代表性项目土家族吊脚楼营造技艺的传承地。作为“生态房屋”的吊脚楼，在咸丰几乎无处不在，而且一直是以一种活态的方式作为老百姓的生存居住之所而存在的。咸丰人一直恪遵祖训“斧斤以时入山林，材木不可胜用也”，坚持“取之有度，用之有节”，维持木材的持续供应。时至今日，咸丰依然保持着77%的森林覆盖率，堪称全国之最。这就使得人们有足够的木材建造吊脚楼，享受最现代化的“生态房屋”。

吊脚楼代表的是未来建筑的发展趋势，人天生就是亲木头的，从最早的“树栖”就开始了。联合国将“人住在木头房屋”视为最高级的享受，这种最现代化的“生态房屋”、最绿色的生活方式，是未来的发展趋势，值得大力推广。

吊脚楼“生态房屋”

土家族吊脚楼营造理念——源于乡土，原本原色

（三）“道法自然”的建筑经验

“道法自然”是土家族吊脚楼建筑的灵魂，也是值得传承的经验。

在中国传统文化中，方方面面都讲究“道法自然”“天人合一”。自然生态环境与人类文化的产生和发展有着千丝万缕的关系，这种自然与人文的思想逐渐发展壮大，并且渗透到中国传统建筑的精髓之中，因此，这种“天人合一”的生态观成为中国传统建筑特别是民居建筑的指导思想。土家族吊脚楼所营造的庭院空间和聚落景观，就体现出中华民族这种传统、朴素的造物思想。

人与自然的和谐相依是土家族传统聚落选址和设计的核心理念。土家族传统聚落的分布呈现出“大分散、小聚居”的特点，即多民族杂居的村落或单一民族聚居的村落交错分布在高山、河谷、盆地或坝区之中。其中，分布在坝区或山间盆地的聚落平面多为圆形、长方形或不规则的多边形；分布在山区的聚落则多依山而建，分台而筑；分布在山谷或河谷的聚落则沿着一定走向，呈条带状延伸和辐射。

土家族传统聚落聚族而居，以几户、十几户或数十户形成村寨。寨中吊脚楼布局自由，顺应山势精心布局，鳞次栉比，错落有序，立面层次清晰而富有变化。这些吊脚楼远远看去，有的层层出挑，有的高低错落，轻巧而不失雄伟，顺势而起伏跌宕，于绿影婆娑中傲视山水，尽享大自然的恩泽。

一个村寨聚落往往以祠堂、庙宇或水井为中心，吊脚楼群与风雨桥或石桥连贯一致，体现出群体之间的和谐、人与自然的融洽，既自然又美丽，人文景观与自然景观相得益彰。村寨中街巷空间紧凑、长宽适宜，楼内外开合随意、分割自然、布局灵活，在“道法自然”中千变万化，形成多样化的形式风格。

土家族传统聚落的“大分散、小聚居”分布

武陵山区每一栋吊脚楼从来不会去改变地形，也不会去破坏植被，而是适应地形，遵从地形，就像是从那块地里长出来的一样，从不违和。它们在自然山水间土生土长，层层叠叠、连绵成片，尽享灿烂阳光。就像一行行优美的抒情小诗，随意地散落在山水之间，闪烁着建筑与自然和谐统一的光彩。

现代社会提倡节能环保，吊脚楼在建造中就做到了这一点。吊脚楼的底层架空解决了房屋潮湿的问题，满足了通风的要求，为家禽提供了居住场所，抵御了野兽的入侵；坡屋顶的设计免去了排水管道的施工，形成自排水系统；二层的晒台以及走道的设计都有效地为居住者创造了自然风。

吊脚楼聚落景观的价值主要体现在因地制宜、底层架空、减轻自重、改善室内光环境、改善室内热环境等方面。为适应武陵山区的气候，吊脚楼科学设计房屋的高度、墙壁的厚薄以及门窗的位置和大小。吊脚楼的高低适应了地形变化，所需要处理的地基范围极少，可以最大限度地减少土石方工程，适应地形能力极强且不会破坏地貌，保证了地表的原生态性，这也是最值得称道的高明之处。

土家族吊脚楼聚落景观——底层架空，减轻自重（吴维/摄影）

吊脚楼还有一个独特的优势，就是可以根据家庭人口的增加与经济收入的提高，在原有的建筑基础之上进行扩建，正符合现代建筑所提倡的可持续发展的理念，省去了另辟新地的复杂过程，同时有利于保持家族内部的向心力和团结稳定，充分体现了土家族人民的生态智慧。

在中国各种传统民居形式中，唯有吊脚楼做到了“占天不占地”，在群山环绕的地带，顺应了自然最原始的状态，依山就势，利用坡地或峭壁进行房屋的建造，而不似现代建筑那般进行大刀阔斧的改造。当代建筑应该学习吊脚楼的生态经验，尊重自然环境，尽可能保持原生地貌状态和生态平衡。

吊脚楼这种传统民居形式，经过千百年的持续演化，高度适应了武陵山区特殊的地理、气候、物产、文化等地域因子，体现出浓郁的地域文化特征和独特个性。吊脚楼的建筑形式处处体现着生态性，反映出建筑朴素的自然生态观。可以说，吊脚楼建筑反映出了土家人民

“占天不占地，平吊自然起”

顺应自然、适应自然，以及充分利用自然资源为自己生活服务的生态智慧。

现代化进程的加快，带动了人们对居住条件提高的企盼，而过分强调建筑功能导致现代建筑逐渐成为标准化产物，丧失了地域性文化内涵。吊脚楼的营造模式是充分尊重自然、利用自然的生态模式。近年来，不少建筑师将目光转向传统的、民族的、地方的建筑元素，并尝试将传统元素与现代营造技术相结合，创造出一种既具有现代风格又不失传统韵味的建筑形式。

二、“集多元文化之大成”——吊脚楼的艺术审美价值

土家族吊脚楼作为多元文化融合的结晶，可谓是“集多元文化之大成”。

土家族吊脚楼——“集多元文化之大成”

据著名建筑学家张良皋先生考证，土家族吊脚楼的正屋来自中原建筑，干栏式的窥子来自西南少数民族建筑，是井院与干栏相结合的南北建筑形式的交汇集成。

建筑，它既是一种物质产品，又是一种艺术创作。建筑以它的形体和它所构成的空间给

人以精神享受，满足人们一定的审美要求，这就是建筑艺术的作用。

土家族吊脚楼从构思、设计到每一道工序的完成，都体现出土家族匠师们深厚的艺术造诣和别具匠心的创作精神，吊脚楼既有实用功能，又有审美价值。

吊脚楼聚落在外观造型、空间意境、色彩装饰等方面的美学经验，为现代建筑及景观设计提供了宝贵的智慧源泉。

（一）外观造型之美

古罗马建筑学家维特鲁威认为：“当建筑物的外貌优美悦人，细部的比例符合正确的均衡时，就会保持美观的原则。”吊脚楼作为审美对象的建筑，首先给人的直观感受是它精美别致的造型，而这种造型之美来源于建筑要素之间比例与尺度的和谐、节奏与韵律趣味的搭配。

土家族吊脚楼从形体看，千楼各异，互相竞秀，即使是同一类型的吊脚楼，几乎都各有特点，风格别致。底层的吊脚和上层的飞檐呈现相对的宏伟尺度和夸张比例，房屋布局则根据人体工程学设计成生活中的温馨尺度和适当的比例。

吊脚楼从平面布局上看，通常构造是宽大的正屋和一头短小的厢房。但这种一大一小的比例却显得十分协调，这是因为吊脚楼一部分建在正屋之前，一部分被树林遮掩，通过透视作用，形成近大远小的关系，给人一种错觉效果，使整个建筑比例协调，设计妙不可言。其实，干栏结构就是吊脚楼设计的精华所在，它挺拔、修长、俊秀，给人极强的审美感受。

吊脚楼的外部造型从宏观上看，是长方形与三角形的组合。这种几何形状稳定而庄重，给人一种静而刚的感觉。静表现为一种典雅灵秀之美；刚则表现为一种挺拔健劲之美。其内部构架，无论梁、柱、枋、挑，它们之间的构成都是互为垂直相交的，构成了一个在三维空间上的相互垂直的网络体系，从而奠定了长方形结构的基础。

梁、柱、枋、挑——构成长方形与三角形的组合

屋面因排水，需要一面倒水或两面倒水。从纵向观察，构成了三角形结构，一面倒水的构成直角三角形，两面倒水的则构成等腰三角形。整个屋盖从横向观察则是一个三棱体。如此建构，除结构稳固外，在艺术感觉上则是端庄稳重、阳刚挺健。因为这些几何形状的边都是直线构成的，但在局部线条的处理上也用了曲线。如屋顶的正脊虽然用的直线，但在覆盖脊瓦时，对正脊的两山头则加瓦起翘，从横向观察则变成了弧线。

节奏与韵律，在生活中比比皆是，在建筑中也是如此。都说“建筑是凝固的音乐”，虽然建筑本身是静态的，但它却以静态之躯向人们展示其节奏与韵律。吊脚楼通过造型要素有规律的重复和连续性变化，构成了建筑的节奏韵律感。作为中国传统建筑，无论在水平或垂直方向上吊脚楼都具有独特的节奏，这种节奏不仅丰富了它的艺术形象，还使它拥有了韵律的趣味性。

吊脚楼的流动韵律给人一种浪漫的视觉效果。吊脚楼的外部造型从纵剖面看，形成了“占天不占地”“天平地不平”或“天地均不平”的剖面，这些剖面是采用架空、悬挑、掉层、叠落、错层等手法进行处理后形成的。因此，在观察这些吊脚楼时，你会感到它们是生动活泼的，毫无生涩呆滞的痕迹。

吊脚楼之所以会吊脚，就是因为在构架上二层悬挑出去，这样就形成了“头重脚轻”的格局，使人感到极不稳定。但在屋面的处理上，多数吊脚楼采用悬山顶两山加披檐的做法，其屋面弧度较大，除在功能上利于排水外，在艺术上产生了动感，且当它同建在实地的正屋连在一起时则互相呼应，无论从实际效果，还是从视觉感受，都显得十分稳固，从而使整个建筑物轻重协调、形态庄重，富有弹性和节奏感，给人一种粗犷洒脱、淳朴深沉和赏心悦目的艺术美感。

架空、悬挑、掉层、叠落、错层做法

动感艺术——头重脚轻,如大鹏展翅

从土家族吊脚楼的整体布局看,可以称为不规则弹性组群,房屋布局自由灵活,无固定规划,完全顺应自然地形地物,或分阶而筑、临坎吊脚,或悬崖构屋、陡壁悬挑,无论多么复杂的地形条件,吊脚楼这种建筑形式都能与之相适应。因此,这种土家族山寨中的吊脚楼,有的依山顺势、层叠而上;有的绕弯淄脊、错落有致;有的背山占崖、居高临下;有的沿沟环谷、生动活泼;有的雄踞山巅、气势壮观。它们仿佛一只只展翅高飞的雄鹰,翱翔于山岭之中,虽是静物,却使人感到极强的动感。加之这些吊脚楼多依山而建,山势的蜿蜒起伏常常使人领略到那种"山重水复疑无路,柳暗花明又一村"的意境,从而获得变幻的视觉效果,这与我国园林建筑中"借景"手法有异曲同工之妙。

此外,土家族吊脚楼在空间处理上弹性非常大,各幢吊脚楼构架内部空间处理不一样,它是随户主的理想追求和意愿去处理的,同时也是随户主的经济条件逐一完成房屋的整体装修的。所以,土家山寨中的吊脚楼呈现出一种千姿百态、各不相同的景象。当微风拂来,山寨中葱茏苍翠的古树婆娑起舞时,一幢幢吊脚楼也如一叶叶轻舟,挂着风帆荡漾于碧波之中,动感飘逸,使人赏心悦目。

(二)空间意境之美

建筑空间美的神韵,在于追求与周围环境构成一个和谐统一的整体,建筑无论是单体空间还是聚落空间,都是对自然空间的人工改造。当走进一个美的建筑空间或者聚落空间,虽然建筑本身静止,但却形成了连续流动的空间整体。

土家族吊脚楼是一种典型的干栏式建筑。它们的独特在于择地选址、悬架的吊脚、外露的木结构等。这使建筑无论从哪里驻足观看,都有一种仰视的空间美,空灵而又峻拔;吊脚楼檐角高翘,石级盘绕,大有空中楼阁的意境。

吊脚楼顺应地形,形成最大的空间功能分层特点。室内空间紧紧围绕"住""劳""藏"三个基本功能进行总体合理安排，从而形成了不同用途的功能空间。土家人喜楼居，上层储物，中层住人，下层养牲畜，从而形成了人、畜、物三大主空间相互配合的格局，使起居、生活、储存各得其所，互不干扰。

吊脚楼建有"走廊"和"司檐"（覆盖走廊的雨搭）作为室内空间的外延，直接沟通室外自然景观，从而在房屋构造上尽量保持着与自然共存的有机空间形态。每个建筑独特的居住空间设计围合但不封闭，各自房间功能明朗清晰却又紧密相连。建筑的外部空间又与自然空间紧密相连，这种既可以属于内部又可以属于外部的模糊性空间，形成一个微妙的空间形态。这种模糊的空间设计，无不体现着空间的逻辑秩序从大空间到小空间，从主要空间到次要空间，从封闭空间到开敞空间，从公共空间到私密空间的灵活转换。

空间艺术

土家族吊脚楼的“走廊”和“司檐”

吊脚楼在空间设计上运用虚实对比的理念，达到了与大自然和谐统一、相得益彰的艺术效果。为了使储物不致霉变，以及在温暖潮湿的气候条件下不使脊下木构件因潮湿而朽坏，在装修一、三层时四周均不封闭，以确保良好的通风效果，从而产生虚的感觉；二层为生活起居层，全家人的主要活动都在这里进行，堂屋、卧室、火塘屋都装有板壁，这与一、三层比较起来，较为封闭，所以就产生了实的感觉。

在虚实对比的关系上，吊脚楼所表现的不仅是建筑本身表层的物质文化现象，即实用性、地域性和民族性，而且是民族深层的心态在物质文化上的折射。它体现了土家族“时空合一”和“天人合一”的宇宙自然观。

武陵山区的吊脚楼是土家族人民适应环境的产物。由单体建筑到吊脚楼群体建筑，聚落空间的选址和整体布局，都体现出当地人民因地制宜、依山就势以及就地取材的基本思想，真正地做到了人与自然的和谐共生发展。

从选址角度上看，武陵山区的土家村寨大都呈离散型散点式布局，顺应自然地形，布局时而分散时而紧凑，看似自由没有明显的规律，却乱中有序，错落有致。道路也顺应山势而建，自由延伸，宛如条条小溪在屋宇间流淌。

从环境角度上看，村寨内的窄巷空间、檐下空间、屋顶与建筑围合的台院空间，是吊脚楼村寨极具特色的空间形式。木结构的吊脚楼，由于形式比较通透空灵，内外空间有更多机会相互渗透，从而使空间更接近于自然；吊脚楼的阁楼开敞，讲究室内外空间的流通渗透与交融，对应的门窗使室内通风良好，自然采光充足，可以欣赏到室外优美的自然景观。

土家族吊脚楼的营造遵循着中国古典建筑美学的法则，注重意境的营造。在中国传统诗词中，许多情怀都是借由“景”来抒发的，比如常建的《题破山寺后禅院》“曲径通幽处，禅房花木深”，张泌的《江城子》“碧阑干外小中庭，雨初晴，晓莺声。飞絮落花，时节近清明。睡起卷帘无一事，匀面了，没心情”等。这些意境，让建筑具有了“场所精神”。

很多土家村寨聚落同样也有这样的“场所精神”。远看，吊脚楼在绿树遮蔽下，若隐若现的黑色屋顶以及木结构的屋身，犹如世外桃源，此为“可赏”；近看，有美人靠椅，可以联想到“闲坐签盒听雨凉”的场景，此为“可游”，在功能上更是“可居”。它们所遵循的正是崇尚自然之美的道家美学。土家族没有惊世骇俗的历史传说，吊脚楼没有笔墨厚重的色彩，但美在土家族人民的淳朴善良、与世无争，土家族建筑如当地的人民一样“淡妆浓抹总相宜”。

“淡妆浓抹总相宜”

吊脚楼中的空窗、漏窗围墙、民居四合院中的影壁，更有“景露则境界小，景隐则境界大”的意境效果。吊脚楼不像平原的建筑给人一览无遗的视觉，它们依山而建，山势的蜿蜒起伏常常使人领略到“山重水复疑无路，柳暗花明又一村”的意境。这种与自然共生的景象，将吊脚楼与自然山水高度融合，达到“天人合一”的审美境界，同时赋予居住者强烈的归属感。

云淡风轻下，吊脚楼如倦鸟归林（吴维/摄影）

（三）色彩装饰之美

色彩装饰是建筑的审美符号，它可以使人透过色彩搭配和装饰技巧，感受到建筑的精神品质与审美取向。土家族吊脚楼的装饰内容丰富、色彩鲜明、形式多样、风格独具特色，这些个性鲜明、地方文化独特的建筑装饰反映了土家人的生活环境、风俗习惯以及宗教信仰等。

吊脚楼建筑朴实无华，以木结构为基础，主要展现的是建筑材料的原始色泽与纹理，还原木材、石材的自然面貌，钴蓝、土红和土黄等鲜艳的色彩会用在建筑的特殊部位，小面积刷漆进行点缀。在某些大型住宅或祠堂的屋面或梁架上，会用鲜艳的色彩作室内彩画进行装饰。

吊脚楼屋顶通常使用当地的土石烧制成的青瓦或用杉皮覆盖，屋脊装饰以曲线为主，涂刷青灰或白石灰等简单的颜色，整体追求平易质朴、含蓄而深沉，原生态的建筑材料保护了地貌和植被环境不被破坏，建筑跟自然环境相融合。

整个土家族吊脚楼的建筑，色彩纯度是相对较低的，并随着季节的变化，色彩也发生相应的改变，非常优美，尤以春秋两季更为迷人。各种错落有致的吊脚楼点缀于自然之中，大有“深山人不觉，人在画中居”的意境。在色彩搭配上，吊脚楼使用浅色系的色彩搭配，或是刷桐油，防腐和视觉效果都比较好。

山深岁不觉，人在画中居

土家族对颜色的喜爱还不如说是对颜色的信仰，就如同西方的现代主义建筑美学思想的代表人物弗兰克·劳埃德·赖特所说的那样：“一个建筑应该看起来是从那里长出来的，并且与周围的环境和谐一致，建筑的色彩也应该和它所处的环境相一致。”吊脚楼就达到了这种与大自然和谐统一的境界。

木材是土家族吊脚楼的主要建筑材料，木雕则成了吊脚楼使用最广的装饰技法。从立柱到挑柱、从楼板到隔板、从门窗到家具，都是由木头制成的，并使用了精湛的木雕技艺。吊

林隐吊脚楼，闲暇观远山

脚楼的木雕装饰运用了浮雕、嵌雕、贴雕等传统工艺，雕刻手法简练明快、线条优美流畅，图案简洁抽象、造型生动活泼，原生态的建筑材料和传统工艺的结合，形成了吊脚楼建筑特有的质感和韵味，体现了古朴灵秀之美。

吊脚楼建筑中随处可见造型各异的栏杆，栏杆与人的接触最多，栏杆的立柱之间用木棂条组合成各种装饰图案，如回字格、喜字格等吉祥图案，有些栏杆上还进行了细致的雕刻，增强了栏杆的观赏性和实用性。

柱子是木构建筑的重要构件，在中国传统建筑中，木柱是重点装饰元素。土家族吊脚楼的柱子装饰展示了土家人丰富多彩的民族文化，形成了土家民居特有的装饰语言。工匠通常把柱头雕成精美的金瓜形状，柱身则多以云纹和龙凤纹装饰，柱头上雕刻以“福、禄、寿、喜”等寓意吉祥的字体，柱础在造型上多用上圆下方的形式，棱角通常用倒角的形式做处理。

吊脚楼建筑的门窗除了基本的采光通风之外，兼具装饰功能。门窗装饰是土家族民居建筑装饰艺术的精髓，体现户主追求平安吉祥、祈求富贵如意的审美情趣。窗户的装饰主要是窗棂，一般用细木榫接雕花而成；门窗装饰和中国传统建筑门窗装饰一脉相承，造型质朴、形式活泼，手法古拙而精细。

吊脚楼的石雕装饰材料大多是就地取材，装饰部位大多是门枕石、柱基石，雕刻内容根据不同部位装饰有一定寓意的图案。如门枕石一般修成方形或鼓形，上面刻有“三阳开泰”等各种吉祥寓意图案；石柱的柱础一般雕刻莲花盛开等丰富多样的吉祥富贵纹样。

吊脚楼雕刻装饰的题材丰富多彩，一般为花卉植物、飞禽走兽。为减少建筑结构的僵直、单调之感，土家民居建筑在其屋梁、楣罩、柱头、檐口、挑梁及柱础上均雕刻人物、花卉、山水、动物及神话传说等各种图案。

装饰题材反映出土家人对吉祥、兴旺、长寿、富足生活的追求意趣。例如，吊脚楼的屋顶

装饰技艺——干栏、门窗

就寓意深刻，屋脊喜欢堆成外圆内方的古钱币，寓意“金钱满屋”；有的设计成瓶形，意为聚宝盆；有的做成蝙蝠、葫芦、寿桃，表达“福、禄、寿”三星高照等。门窗常雕刻“福”字、“万”字、“寿”字等各种吉祥字。柱础石雕常选择祥禽瑞兽图案，如龙凤呈祥、凤栖牡丹、喜鹊登梅等。

土家族吊脚楼极大地保留了巴文化的质朴和坚韧，又与浪漫色彩浓厚的楚文化很好地融为一体，形成了土家民居特有的建筑语言和独特的艺术神韵，其实用而不失灵秀，粗犷却饱含智慧，体现出了土家人高超的生活技巧，浓妆重彩地渲染出当地的风土意蕴；其巧夺天工的装饰艺术不仅反映出土家人趋吉避害、祈福消灾的美好愿望，更充分展现了土家人的装饰艺术才华。

木工在“伞把柱”上精雕细琢(陈小林/摄影)

“头和脚”装饰技艺——屋脊、磉磴

三、“诗意栖居于大地”——吊脚楼的文化传承价值

“诗意地栖居在大地上”,应该是人们的共同理想。

土家族吊脚楼将技术与艺术完美结合,将实用与审美合二为一,其构思精巧,风格独特,不仅体现了土家人精湛的建筑技术和审美风格,还体现了土家族与自然相依相伴、融为一体的亲密关系。因此,土家族吊脚楼不仅是古代建筑的“活化石”,还是具有生命力的生态建筑,它不仅是一种建筑艺术,更是一种文化载体,是土家人勤劳智慧的结晶,是传统文化精髓的具体体现。

土家族吊脚楼是中国民居文化的杰出代表,它的建筑实体与空间营建,记载了一个民族的人生哲学观和审美观,是土家人对天地宇宙空间的认识和对建筑物实用性的思考。土家族吊脚楼的营建,充分表现了中国古代哲学中“天人合一”“人化宇宙”“敬天法祖”的文化思想,是土家族独特精神风貌的体现。

(一)“天人合一”的哲学思想

“天人合一”,即人与自然的和谐,它是中国建筑、艺术、哲学的基础。

“天”为自然,“人”为文化创造与结果。这种哲学观强调的和谐美影响了中国传统建筑艺术,使其极富美学神韵。“天人合一”思想影响到营造观念的各个方面,指导着建筑的规划、选址、布局和形制。这些营造观念也浸入土家族吊脚楼的建造之中。

受武陵山地缘文化的影响,土家族历史上存在着一种神性化和宇宙化的空间观念,他们把房屋的建造、居住与自身的发达以及神灵、天意、地象紧密地联系在一起,因而在择地建房时,十分讲究风水。

古代所谓的风水其实是一种相地之术,古称堪舆术,即用来勘察人们居住和生活场所地理状况的一套规则和方法。有学者认为,它的本质是古人为了选择、适应、改造居住和生活环境而创立的一门环境科学。它的核心是围绕“人”这个主体,追求人与自然的和谐统一,进而达到“天人合一”的境界。

土家族传统观念认为,自然是一个有机的生命体,同时还赋予自然高度的精神象征,强调“宅以形式为身体,以泉水为血脉,以土地为皮肉,以草本为毛发,以舍屋为衣服,以门户为冠带”,决不允许“以人之意逆山水之意,以人之情逆山水之情”。

因此,土家人建房把“左青龙,右白虎,前朱雀,后玄武”作为房屋选址的基本条件,恪守“住者人之本,人者宅为家”,主张“回归自然,返璞归真”,信仰“地善即苗壮,宅吉即人荣”。“宅”通“择”,即择吉地而居,祈求平安。

土家族建吊脚楼多选择在依山傍水、背风朝阳的地方,以青山绿水、视野开阔之地为佳。其标准是“左有青龙排两岸,右有白虎镇屋场;前有朱雀来照看,后有玄武做主张”,或是“前看二龙来抢珠,后有双凤来朝阳”。土家人还十分注重屋宇环境的选择和营造,其基本原则是讲气,山环水抱必有气,水流徐徐则气聚,气聚则人气旺而家和顺。

土家人建房以依山傍水为吉,因为“山管人丁水管财”,水可聚气又可生财,故土家族传统聚落的选址讲究依山傍水,首先是找好向山和靠山。向山的最佳选择是“二龙抢宝”“双龙

选址特点——依山傍水、背风朝阳

戏珠”“万马归槽”“寿星高照”等山势;靠山则要选择“青龙环护”“贵人坐椅”等山势。依山还要傍水,古人认为:“风水之法,得水为上,藏风次之。”因此,近水而居是人类的共同选择,土家族也概莫能外,他们在选址时,或临江河,或靠溪涧,这样也便于人畜饮水。

武陵土家地区,活跃着一批有一定文化的、从事选屋场、卜墓穴等工作的风水先生,土家人称其为端公、土老司(梯玛)。土家人建房时请土老司选择一个好屋场,将会给屋主注入极大的精神寄托,正如土老司建房上梁所唱:“坐在梁上打一望,东君坐的好屋场,屋场前有青龙绕殿,后有观音坐莲,左有犀牛涌水,右有雄狮笑天,好屋场家发人也旺,好屋场世代要出状元郎。”

有学者认为,在吊脚楼建造过程中形成的看风水习俗,即看山脉的走向,观风景的秀丽,这实质上是“天人合一”的宇宙观念在土家族民居上的体现。这种观风水等习俗,反映了土家族传统聚落兴建的一种原始朴素的生态价值观。

在武陵山区的传统聚落中,有很多吊脚楼四合院,在院中都设有天井。天井,是中国人敬天、敬神、“天人合一”观念的特殊产物,也是土家族民居重要的建筑形式。围合的四合院,采光、通风都是通过天井来解决。然而,天井的设置还有更深层的精神要求。从地形来说,武陵地区四面环山,设天井名曰“可见天日”;从传统意义上来说“得水为先,藏风次之”,设天井可得水藏气,又能“肥水不流外人田”,“四水归堂”之宅因此被称为“聚财屋”,象征着聚财。

小小的房子,露出天井一方,把居住者的视线、观念引向苍天,中堂上的祖位正对着天井,敬天和敬祖的思想巧妙地结合在一起,天、地、人的视线和思维形成一条直线,产生天人共生的情感。

（二）“人化宇宙”的文化观念

“人化宇宙”是指人为宇宙之子，是宇宙的有机组成部分，同时，宇宙又是人类文化的组成部分。土家族吊脚楼营建过程中的神灵祭祀、巫俗信仰与图腾崇拜，充分体现了土家人“人化宇宙”的文化观念。

受万物有灵观念的影响，土家族把整个房屋的建造过程看得尤为神圣，房屋的建造大致分为选址、造屋场、定法稷、伐木、立马、起造、安磉磴、排扇、立屋、上梁、布盖、装屋、安财门、请火等十几个步骤，在这个过程中掺杂了许许多多的敬神祭神、祈福祷祥仪式。

将房梁中间用一块红布裹着，象征吉祥

如房屋动工前，得请人推算“动土吉日”“驾马吉日”“立房吉日”“上梁吉日”“请火吉日”“入宅吉日”，等等。屋场开工仪式中，土家人要用一头角上缠红绸布的水牛犁地破土，开犁时，主人要放鞭炮祭天地，犁地者则边犁边唱：“手牵神牛入屋场，贺喜主东竖栋梁。手牵神牛犁向东，东方红日照堂中。手牵神牛犁向南，南极仙翁赐寿诞。手牵神牛犁向西，犀牛望月生瑞气。手牵神牛犁向北，北斗高照龙头抬。东西南北都犁到，地杰人灵创基业。”土家人认为用“神牛”犁地会五谷丰登、百代兴旺。

伐木仪式中，有祭鲁班、祭山神、祭太阳神等。上梁仪式中的祭梁、开梁口、制梁、包梁、缠梁、升梁、赞屋场、喝上梁酒、抛梁粑、下梁等环节无不充满着这样的内容，如“赞屋场”环节，有的木匠师傅这样唱道：“坐在梁头打一望，主东坐个好屋场，前有喜鹊报佳音，后有玄武镇煞方。左有青龙配狮象，右有麒麟配凤凰。”

吊脚楼建好后，主人举行落成仪式。仪式中，有一项目便是由土家汉子装扮成文曲星、南极星、送子星、财帛星、紫微星等神前来“踩门”贺喜。众星神代表着五个方位，即东、南、西、北、中，与宇宙的五方五位相吻合。这一仪式，并非一种简单的活动。它所隐喻的深层含义，体现了土家族的一种人化宇宙观。众星神本为天上神灵，以“踩门”形式降临人间，将宇宙“位移”于新宅，并将新宅当成众星神的居所，不难看出新宅主人赋予吊脚楼宇宙中心的含义，同时也表达了主人祈求吉祥、族门兴旺的美好愿望。

这种价值观在上梁仪式上表现得更为突出：“上一步，一轮太极在中央，一元行始呈瑞祥。上二步，喜洋洋，‘乾坤’二字在两旁，日月成双永共享……”此处的日月、乾坤即指宇宙。人们将其写在梁上立在屋中，指向性是很明确的：吊脚楼中有天地，含宇宙。这种房屋容纳天地、包含宇宙的空间价值观，是“人化宇宙”哲学思想最完美的体现。

土家族吊脚楼体现出万物有灵、人神共居的理念。在土家人的观念中，住房既是人们的栖身之地，又是祖先和神灵的所居之处。在土家族的传统文化中，各种住房，从室内到室外以及各种家具陈设,处处皆存在不同的神灵,其中有门神、家神、柱神、灶神、火塘神、房神、寨神、树神等。火塘集炊事、照明、取暖于一体,是土家人重要的屋内公共空间,一家人寒冬取暖于此,环塘而眠,也可抵足同寝,成为土家人不可或缺的居住空间,火塘也因此成为诸神的聚集之地,如火神、灶神、火塘神、家神等,伴随着各种崇拜与禁忌。

土家族对图腾的崇拜表现得最为明显的是对虎的崇拜。因为土家族的主要构成是武陵山区聚居的巴人后裔,虎乃巴之图腾。恩施土家族地区流传着巴务相廪君是天上白虎下凡的神话传说。数千年来,土家族认为白虎是正义、勇猛、威严的象征,具有避邪、祈丰及惩恶扬善、发财致富、喜结良缘等多种神力。

巴人的这一图腾崇拜被土家族继承下来,并将其运用于日常生活的祭祀、建筑艺术、礼器乐器、美术作品中。比如武陵地区出土了大量的虎钮錞于,在吊脚楼民居建筑中也有大量以虎为图案的木雕、石雕图案等。

吊脚楼还体现出对色彩的崇拜。土家族信仰"阴阳五行说"的色彩搭配规律,金、木、水、火、土分别代表着白、青、黑、红、黄五种颜色,这也是中华民族传统的五色理论。土家族对色彩的运用遵循"尚黑尚红忌白"的原则,因而不管是土家族建筑还是织锦都很少看到大区域的运用白色,而是尚黑尚红,这明显是受到了巴人尚黑与楚人尚赤的影响,而红与黑的象征意义也直接与生命本体相关。

(三)"敬天法祖"的礼仪思想

吊脚楼从原始居住方式到如今的干栏式建筑,明显带有原始人类巢居遗风,它体现了土家人对先人生活方式的一种追忆,这不仅表现了以物寄情的审美意境,也体现了土家族独特的建筑文化和"敬天法祖"的礼仪思想。

无论吊脚楼外形如何多变,其内部功能结构与布局却是一致的,都保持了"一明、两暗、三开间"正屋,以兔子作厢房的格局。这种布局体现了土家族特有的文化精神内涵和审美情调,成为塑造民族文化心理的重要内容和手段。

建筑是一个封闭的人造空间,却被赋予了丰富的文化内涵。一般吊脚楼正屋为三开间,中间的堂屋是整个住宅的中心,堂屋两侧住人的房间称为"人间",以中柱为界,分为前后两间,前间中部是火塘,后间为卧室。模式化的建筑空间营造方式体现出封建社会中等级观念的差异,从中可以看到中国人的礼数。

吊脚楼的堂屋,既是土家人建筑空间格局的中心,也是土家人精神信仰承载的中心。它的主要功能是集祭天祀祖、迎接宾客、商议大事及做寿婚嫁于一体。堂屋的设置是一种敬天礼法,也是中国传统礼仪思想的延续。土家人的堂屋,无论主人贫富贵贱,均在进门的正面墙板上设立"天地君亲师位",体现出一种"敬天法祖"的文化观念。

长幼尊卑的家族礼制在传统民居单体建筑中常常表现为长辈居左、晚辈居右的居住秩序,在民居群体建筑中表现为长辈居正房、用正堂屋,晚辈居厢房的居住秩序。建在平地上的房屋,正屋要高于厢房;依山而建的住宅,虽错落有致,但正房也要高于厢房。

民居作为一种私密性很强的建筑空间,在满足居住功能的同时,还要体现建筑与人、人与环境和谐共生的概念。土家族聚族而居,房屋给了这个族群相对稳定的居住空间,这个空间传达了"小国寡民"的生活状态。从吊脚楼居住房间的安排来看,体现出土家人对生命意识的热

堂屋神龛——天地君(国)亲师位

烈张扬。一般来说,无论哪种模式的吊脚楼,其正中的堂屋都安有牌位,主要用于供奉神灵和历代祖先。同时,在新媳妇娶进门或小孩出生时,也都要在家中举行入谱仪式。

土家人中,一般未婚女儿或者儿子就住阁楼,直至出嫁或娶进新媳妇时才住进新房。

中国的传统建筑,都遵从礼制。汉文化的核心便是儒家文化,它深刻影响着社会的方方面面。而儒家文化的核心便是“仁”。“仁”的核心又是“礼”“乐”。儒家文化创始人孔子提出“兴于诗,立于礼,成于乐”的主张。他认为“礼”“乐”是两个不同的范畴,对个人生活具有不同意义,“礼”是对个人自由和欲求加以限制,以保障社会正常运转的外在规范,而“乐”则是个人宣泄束缚于礼的不自由的内心的渠道。所以,“礼”“乐”必须共存,而且还互补,这就达到内与外、身与心、理性与实用的平衡。后来的儒家学者将“礼”“乐”发展成了一对无所不包的范畴。它们广泛地影响着社会,也深刻地影响着建筑。

从建筑种类来看,宫室可以看成是“礼”的代表,“礼”规定着建筑的尺度,甚至限制了建筑的营建次序。园林则属于“乐”,因为园林是人们内心得到愉悦的重要场所,是“乐”的本质特征的体现,是“乐”的一种外显的物态化。我国传统民居的典型模式——宅与园的结合,实际上就是一种礼乐互补的观念原型。礼乐复合的居住模式,是作为中国古代传统的建筑精神而存在的。

排扇众人撑,合力起吊楼

这种“礼乐齐鸣”的模式也直接影响到了土家族吊脚楼的形式。从种类上看,土家族吊脚楼除了生产生活所必须用的房屋外,也有娱乐、祭祀用的房屋。比如来凤的“摆手堂”“仙佛寺”等,就是人们休闲娱乐、拜神祭祖的地方。从家庭来看,住在吊脚楼里的人家都会有一个院子,或者是一家一院,或者是多家聚居,共享一个院。“礼乐齐鸣”的居住模式,让土家人在发展生产的同时,也丰富发展着土家文化,身心得到愉悦。

土家族吊脚楼遵循着本民族独特的审美规律和文化观念，以此来进行空间布局营建，忠实地记载了土家族的人生哲学观和审美观，体现了土家族的原始宗教信仰和传统文化思想，为中国传统民居建筑文化增添了光辉的一页。

恩施州土家族吊脚楼营造技艺传承保护检视

传统的非物质文化遗产是宝贵的，是一个民族的灵魂。

土家族吊脚楼营造技艺于2011年入选国家级非物质文化遗产代表性项目名录，是恩施州16项国家级非物质文化遗产代表性项目之一。据有关资料统计，我国乡镇传统村落2004年为9707个，至2010年仅存5709个。有专家通过考察认为，土家族非遗项目之一的吊脚楼呈现衰退、濒危、变异、消失等现象。中国民间文艺家协会主席冯骥才先生曾指出：“每一分钟里，我们的田野里，山坳里，深邃的民间里，都有一些民间文化及其遗产死去。它们失却得无声无息，好似烟消云散。”但是，恩施州通过专家论证，现在拥有81个中国传统村落，38个中国少数民族特色村寨。这些村落和村寨民居大都以吊脚楼为主体。可见，吊脚楼是恩施州土家族民居建筑的一大特色；吊脚楼的生命力多么坚韧，底蕴多么深厚。著名建筑学家张良皋先生评价恩施州吊脚楼群是“华夏建筑与西南少数民族建筑的完美结合，是井院与干栏相结合的南北建筑形式的交汇集成”（评价彭家寨语）。

2014年8月，文化部批复设立“武陵山区（鄂西南）土家族苗族文化生态保护实验区”，实验区范围包括恩施土家族苗族自治州、宜昌市长阳土家族自治县、五峰土家族自治县。2018年9月，文化和旅游部办公厅复函湖北省文化厅同意实施《武陵山区（鄂西南）土家族苗族文化生态保护实验区总体规划》。由此，标志着恩施州文化生态传承保护着手开展。

国家级文化生态保护区以保护非物质文化遗产为核心。恩施州非物质文化遗产保护工作遵循“保护为主，抢救第一，合理利用，传承发展”的工作方针，认定、记录、建档、申报，建立了四级非物质文化遗产项目名录和四级代表性传承人名单。截至2021年，恩施州入选国家级非物质文化遗产代表性项目名录16项，入选湖北省省级非物质文化遗产代表性项目名录66项，恩施州人民政府公布州级非物质文化遗产代表性项目名录149项，州内八县（市）人民政府公布县（市）级非物质文化遗产代表性项目名录589项。吊脚楼营造技艺（“干栏吊脚楼营造技艺”）分别入选国家级、省级、州级非物质文化遗产项目名录。恩施州有咸丰县、宣恩县、恩施市、利川市、来凤县等县市分别从2009年开始，陆续向国家级、省级、州级申报了该项目。

截至2019年，恩施州非物质文化遗产——吊脚楼营造技艺项目代表性传承人认定的有国家级的万桃元（咸丰县）、省级的谢明贤（咸丰县），以及州级的姜胜健（咸丰县）、彭志明（咸丰县）、熊国江（咸丰县）、刘胜金（恩施市）、刘安喜（利川市）等人。

咸丰县是国家认定的全国干栏吊脚楼之县。被著名建筑学家张良皋教授誉为“中国干栏第一乡”。辖区内有世界文化遗产——唐崖土司城遗址；有保存良好的极具历史文化价值、艺术价值和审美价值的土家族吊脚楼群28处，单体吊脚楼500余栋。其中以麻柳溪、蛇盘溪、水井坎、官坝、蛮太子、刘家大院、王母洞、大路坝、游家大院、蒋家花院、严家祠堂等处吊脚楼群较具代表性。

咸丰县坪坝营镇马家沟村王母洞吊脚楼群(林正尧/摄影)

恩施州其他县市保存完好的吊脚楼群比咸丰县相对少一些,但也很可观。有恩施市的盛家坝小溪、大集场、白果金龙坝、崔家坝滚龙坝;宣恩县的彭家寨、庆阳坝古街;鹤峰县的大路坪、周家院子;来凤县的徐家寨;利川市的鱼木寨古建筑,等等。

恩施市崔家坝滚龙坝吊脚楼古建筑群(林正尧/摄影)

咸丰县在吊脚楼营造技艺代表性传承人方面有国家级 1 人、省级 1 人、州级 3 人、县级 30 余人。恩施州辖区八县市中,咸丰县是土家族吊脚楼现存数量最多、质量最好的县,也是非物质文化遗产——土家族吊脚楼营造技艺代表性传承人最集中的县,在土家族吊脚楼营造技艺代表性项目传承、保护、发展等方面具有典型的代表性。

以下是咸丰县传承土家族吊脚楼营造技艺的具体做法。

一是创建土家族吊脚楼营造技艺活动品牌,以制作吊脚楼模型大赛活动为载体,发现人才,壮大传承队伍。

2014 年以来,咸丰县每 3 年举办一届土家族吊脚楼营造技艺传承人选拔暨吊脚楼模型制作大赛活动。该活动吸引全县吊脚楼营造工匠参赛。几届活动收到工匠制作的吊脚楼模型参赛作品近 200 件,遴选作品近 50 件,选拔优秀的土家族吊脚楼营造技艺传承人近 40 名,激发了土家族吊脚楼营造工匠的积极性,壮大了传承队伍。

二是建立土家族吊脚楼营造技艺专题馆和传习所,向社会游客和当地居民宣讲吊脚楼营造技艺。

截至 2020 年,咸丰县建立土家族吊脚楼营造技艺专题馆 1 个、传习所 3 处,即小村乡小腊壁村土家族吊脚楼营造技艺传习所、曲江镇湾田村土家族吊脚楼营造技艺传习所、黄金洞乡麻柳溪村土家族吊脚楼营造技艺传习所。这些传习所鼓励匠师带徒传艺,扩大影响,推广技艺。其中将吊脚楼建筑保存现状良好、吊脚楼营造技艺工匠队伍老中青兼备且为"十佳民族特色村寨"的黄金洞乡麻柳溪村作为咸丰土家族吊脚楼营造技艺传习重点,并在该村建立传承馆。传承馆地址选择在县级文物保护单位的一栋撮箕口吊脚楼——谢明贤家(谢明贤为省级非物质文化遗产吊脚楼营造技艺代表性项目传承人)。传承馆内布置了宣传展板、吊脚楼展示柜、建造工具等。谢明贤负责看守管理,接待参观访问的游客,以及解说传习所内涉及吊脚楼的文化、技艺内容等。游客通过参观实体吊脚楼,了解吊脚楼结构成因、营造流程和技艺技巧等,进而全面了解土家族民居文化,激发对吊脚楼营造的兴趣,增长技艺知识。同时也让省级传承人尽自己的职责,履行自己的义务。传习所从建成至 2020 年底,共接待采风的学者 5000 人次,旅游观光的游客 10000 人次。2017 年,咸丰县文化馆与民宗局联合,在曲江镇湾田村国家级传承人万桃元的宅院建立土家族吊脚楼传承基地,利用国家级传承人的影响力带动一批手艺人,利用该场所举办了几十人的匠师培训。2020 年,在世界文化遗产地唐崖镇彭家沟村建立土家族吊脚楼营造技艺专题馆,专题馆面积为 1500 平方米,分吊脚楼工艺品展区、吊脚楼模型展区、吊脚楼营造技艺流程展区及吊脚楼基本知识宣传牌等,现对外免费开放,平均每天参观游客近 100 人次。

学员们在传习所学习(咸丰县文化馆/供图)

三是土家族吊脚楼营造技艺进校园，传承人走进校园。

国家级传承人万桃元从2015年起，先后被湖北民族大学聘为客座教授，被恩施职业技术学院聘为“土家族吊脚楼营造技艺”“技能大师”，被中南民族大学聘为“土家族吊脚楼传统工艺传承与创新设计人才培养”授课专家，被咸丰县中等职业技术学校聘为兼职教师。2021年在恩施州住房和城乡建设局主导，华中科技大学、武汉大学、武汉理工大学、湖北省古建筑保护中心、湖北省建筑标准设计研究院、湖北土司匠人古建筑有限公司有关专家、教授参与编制的《土家族吊脚楼营造技艺地方标准》和《土家族吊脚楼营造技艺图集》项目中，万桃元被聘为专家参加该项目评审工作。

万桃元参加《吊脚楼营造技艺地方标准》的评审（柯兴碧/供图）

咸丰县组织校本教材编写组，编写中小学校本教材《土家族吊脚楼》。该教材介绍了土家族吊脚楼的起源演变、结构布局、营造技艺、风格特征以及居住习俗与文化。编撰教材《唐崖土司》，教材共10课，其中用一定篇幅介绍了土家特色民居干栏式建筑——吊脚楼。此两本校本教材在咸丰县高乐山镇民族中学、咸丰县和美小学、唐崖镇民族中心小学、咸丰县民族中学、大路坝区民族小学等学校发放，供中小学生学习。

2019年，咸丰县与中南民族大学联合组织“鄂西土家族吊脚楼传统工艺传承与创新设计人才培养”项目培训，培训时间3个月，培养吊脚楼工匠及青年学子1500余人次。

四是利用文化遗产日搞好宣传。

在每年遗产日宣传活动中，咸丰县组织传承人制作吊脚楼模型参加展示；同时，在咸丰县电视台开辟非遗专栏，每周四播出一期；2018年拍摄的纪录片《构木为巢》曾被选为地方优秀节目在中央电视台纪录频道播出。

五是研创产品带动增收。

咸丰县人民政府组织各个部门配合支持，常规性组织吊脚楼营造工匠大师制作大小不一、形式结构各异的吊脚楼模型。一方面作为实际建房的蓝本，另一方面将模型往工艺品制作方向发展，将其变成匠工们增收致富的门路。2015年举办吊脚楼模型制作大赛后，一部分吊脚楼传承人相互学习，各献技艺，将制作的吊脚楼模型向工艺品方向的小、巧、精方面改进，制作出来的精品往往能卖上几万元。万桃元大师曾介绍说，一个五柱二正屋转三柱二厢房撮箕口吊脚楼模型，构件700多个，92根柱头，32匹“挑脑壳”（当地“挑方”的俗称），158根木栓，没有一颗铁钉，全用卯榫结构固定，实在地体现了土家族木工艺人手艺之美、匠心之美、创意之美。以万桃元为代表的传承人近 10 人制作的模型在景区销售，每年销售额平均达 2 万元以上。万桃元制作的模型还被湖北省档案馆收藏并颁发了收藏证书，并于 2021 年参加了文化和旅游部在上海主办的“百年百艺 · 薪火相传”中国传统工艺邀请会。

六是文旅深度融合，吊脚楼一展风采。

咸丰县非遗保护部门与文物、旅游部门联合推广吊脚楼营造技艺文化，公布全县传统村落、民族村寨、美丽乡村的名单，挂牌表彰，加强以吊脚楼为主体的传统古村落整体保护。咸丰坪坝营原生态休闲旅游区修建大量的吊脚楼，以吊脚楼为品牌建设“树上宾馆”，一方面大力宣传本土建筑，另一方面让游客亲身体验土家族吊脚楼风情。在世界文化遗产地唐崖土司城景区，恢复唐崖古镇，整体保持土家族吊脚楼风格。非遗中心与教育局、旅游公司联合开展文旅研学基地建设及教学活动。

七是政策支持，推动吊脚楼传承保护工作。

咸丰县委、县政府高度重视吊脚楼保护及传承工作。2018 年 2 月，咸丰县举行十四届二次党代会，作出“加快复兴中国干栏之乡”的决策部署。咸丰县第十八届人大常委会第 14 次会议审议通过《关于加快复兴“中国干栏式建筑之乡”的决定(草案)》。草案决定坚持规划引领实现干栏式建筑全覆盖，坚持优先传统建筑存量全保护，坚持激励新增建筑全干栏，坚持多项举措配制政策全支撑。县住建局出台政策，村民修建吊脚楼民房按一户 5000 元标准补助，激励村民修建吊脚楼民居。自 2014 年以来，县人民政府每年预算给县非遗中心财政资金 10 万元，用于对吊脚楼及其技艺的宣传、保护、传承工作。中央财政在 2015—2016 年度给予土家族吊脚楼营造技艺传承保护资金近 100 万元。强有力的政策支持、资金扶持，广大干部群众的高度认知，咸丰县吊脚楼传承保护工作已基本形成了政府主导、社会参与、统筹规划、分步实施、明确职责、全民参与的良好格局。

八是理论研究。

2014 年，咸丰县文化馆原馆长谢一琼主编《土家族吊脚楼——以咸丰土家族吊脚楼为例》一书。该书共有七章，即咸丰县政区地理自然山水及人文环境、土家族吊脚楼营造技艺、传承谱系、习俗与禁忌、土家族吊脚楼建筑风格流派、遗珍、居住在吊脚楼里的土家族人生活印迹等。全书共 7 万字，图片 300 多张，绘图 20 多张，为研究土家族吊脚楼及其技艺提供了支撑。

近年来，咸丰县对土家族吊脚楼保护、发展和对吊脚楼营造技艺传承保护工作获得上级有关部门的肯定。2016 年，咸丰县非遗中心被湖北省文化厅授予“湖北省第二届非遗十佳保护行动”称号。2018 年，咸丰县土家族吊脚楼营造技艺入选第一批国家传统工艺振兴目录。

咸丰县土家族吊脚楼营造技艺非遗传承保护工作只是恩施州非遗传承保护工作的一个缩影，其他县市也纷纷出台政策，采取措施，并制定方案，积极行动，在土家族吊脚楼营造技艺及其他非遗项目方面做出了很好的成绩。如宣恩县出台政策：村民修建吊脚楼民居按每栋 8000 元标准补助，对原吊脚楼木房进行整修的按每平方米 20 元的标准补助。

总体上，恩施州非物质文化遗产保护举措得力，规划了 20 个恩施州民族民间文化生态保护区，建立了民间大师命名机制，制定了《恩施土家族苗族自治州民族文化遗产保护条例》。然而，非遗传承保护工作任重道远，特别是土家族吊脚楼实体保护面临易发生火灾、白蚁侵害、造价贵(同面积相比，大约是水泥屋造价的 3 倍)和吊脚楼营造技艺传承面临工匠断代、工匠工资偏低、撩檐盖瓦易出现安全事故等问题，此非遗代表性项目传承保护更须努力。

之前，有专家做过研究，综合起来有如下建议：①逐步培养人们重视非物质文化遗产，转变人们的文化理念；②建立现代传承体制，制定出合理营造标准；③传承过程运用现代科学技术，如三维描绘技术、计算机网络技术、博物馆数字化等；④建立非物质文化遗产综合评估体系；⑤把非物质文化遗产和民族民间文化纳入教学，增加这方面的教学内容；⑥职业院校课堂学习加实操实习，实行现代学徒制；⑦木质建材增加科技含量，防火防蚁。其实，很多相关部门正在向这些方面努力或正在努力实施。咸丰县就是例证。

（恩施州文化馆、咸丰县文化馆提供资料）

万桃元——从工匠走向艺师

2018 年 9 月,中央电视台在播出的纪录片《中国手作 · 木作》第三集中,展现了万桃元大师在土家族吊脚楼营造过程中的精湛技艺。

国家级非物质文化遗产代表性项目土家族吊脚楼营造技艺代表性传承人万桃元先生,生于 1956 年 2 月,土家族,家住咸丰县丁寨乡。他是一位农民,也是一位地道的木匠。

国家级非物质文化遗产代表性项目土家族吊脚楼营造技艺代表性传承人——万桃元与吊脚楼模型

万桃元的青少年时期,家庭贫困,读完初中就辍学了。他的父亲认为地广人稀的咸丰,交通闭塞,在农村要有发展,只能去学木匠。咸丰到处是山,山中树木茂密,山区人家新建住宅都会建造木房。再说,他的外公在当地木工技术熟练,会起高架、做小料、箍圆货;当师傅不日晒雨淋,奉人所请,受人尊敬,主家积攒的奇缺的腊肉、鸡蛋等是给师傅吃的;在那个时代一户人家一季只有两斤白酒指标,也是攒着给木工手艺的师傅喝的。

外公的木工技艺让万桃元痴爱,木匠艺人受百姓尊敬让万桃元向往,木工艺人生活好于一般农民,地利人和的条件让万桃元决心学艺。十二岁多一点的万桃元就读初中时就给父亲当过帮手学箍圆货,十五岁初中一毕业就拜外公为师学木匠。跟着外公住,跟着外公吃,跟着外公做木工。万桃元开始学艺时,时常背着捡拾好木匠工具的夹背篓,跟在外公后面。外公脚步快,万桃元就一路小跑。因为既是师徒关系又是血缘近亲,外公对万桃元也很亲近。走累了,外公找块石头坐下,裹袋叶子烟叭着等;路远了,外公把背篓接下来背一段路,让万桃元举着五尺在后面跟着。给外公当徒弟的三年,工资是没有的。外公给万桃元一年缝两套新衣,逢年过节给万桃元几块零花钱,万桃元就给父母买些礼品,孝敬父母。万桃元跟外公学艺,不像其他师徒,生活上外公照顾着外孙,生怕外孙饿着、冷着,就是没有被人所请的日子，外公也不会让外孙在家做重体力活，只让外孙做一些在家扫地，在田地扯草的活。只是磨斧头、磨刨子之类的活非让万桃元做不可。学上一季，外公就要求万桃元要把斧子刨片磨得光亮。外公时常说，看工具就知晓你有几分手艺。每当到哪一家做工，或起高架，或做小料打家具，外公对万桃元严格得很，定了几条规矩：一不准睡早床；二不准打牌；三不准偷懒；四不准吃饭时"挑嘴"；五不准与伙计"日白夸海"，等等。从拿斧头到握刨子，从片粗料到刨枋刨木板，外公都手把手教。到万桃元工艺渐熟，或起高架，或做小料打家具，外公总叫万桃元牵着线的另一头，看着他定点弹线。就是其他工匠在歇息时，外公也要叫万桃元给他端着茶杯，不离左右，让他学技术细节。万桃元相当聪慧，外公教的，实操几次就会了；外公说的技术要领，万桃元经历几回也心领神会、牢记于心。学徒三年，万桃元圆满出师。出师后，万桃元还注意博取众家之长，如向师兄万泽宽、李孝和学习，向其他师傅石远州、尹兴国学习。

工匠、掌墨师——万桃元

咸丰是武陵地区吊脚楼古建筑群相当集中的县。有马河村的芭蕉溪吊脚楼群、梅子坪村的水井坎吊脚楼群、梅子坪村的刘家大院、麻柳溪村吊脚楼群、小腊壁吊脚楼群、蒋家花园，等等。万桃元时常在工程闲时就要到这些地方细致观察，从枋柱卯榫到窗瓜雕刻，从檐脊排水到毫子翘角，都一一记在心里，去比较，去总结，去研讨。

多年勤学苦练，事事研习总结，万桃元木工技艺日臻熟练精湛。据万桃元回忆，在他出师后几十年中，经他掌墨修造的吊脚楼(正屋、单吊、双吊)就有 180 多栋，给农户打风车和给嫁女户打嫁妆家具等不计其数。万桃元在咸丰无人不知，无人不晓。

会艺只是万桃元的起始阶段。按师傅传教，口传心授，修吊脚楼是没有图纸的，"师傅脑壳里装着一座屋"。随着社会进步，人们要求越来越高，宅主修房子开始计划建房时，要求掌墨师绘制样图，标出尺寸等。这逼着万桃元学习绘图知识。他凭着初中学的一点物理皮毛知识，买来相关书籍，自学勾股定理、角尺定理及很多绘图的相关知识。不到一年工夫，他就能依据宅主所需要的吊脚楼样式先设计绘出整体图、分解图来，让宅主满意。由此，万桃元成了咸丰远近闻名的掌墨师，相邻地区如重庆的黔江、万州以及湖南的龙山等地百姓也慕名前来邀请他设计施工。

2003 年 10 月，联合国教科文组织在第 32 届大会上通过了《保护非物质文化遗产公约》。2011 年 5 月，土家族吊脚楼营造技艺经国务院批准列入第三批国家级非物质文化遗产代表性项目名录。在这大好的前提下，地方政府高度重视，万桃元凭借精湛技艺和不断的工艺研究，赢得有关政府单位和学术机构的肯定。

2009 年，万桃元被恩施自治州人民政府评为"民间艺术大师"；2010 年，被认定为湖北省非物质文化遗产项目干栏吊脚楼营造技艺代表性传承人；2012 年，被认定为国家级非物质文化遗产代表性项目土家族吊脚楼营造技艺代表性传承人；2019 年，被湖北省总工会授予“荆楚工匠”荣誉称号。

万桃元制作土家族吊脚楼模型

万桃元的荣誉证书(柯兴碧/供图)

精湛的技艺必须传承。把将要失传的木工技艺传给后人，也给社会做贡献。在万桃元的记忆中，他是同一师门的第四代传人。他的师祖是杨玉、温春，师爷是屈长瑞，师傅是屈胜。他的同门师兄弟好几个，如杨光、杨品、严道新、尹晶、万泽宽、李孝和、万本能等，数万桃元最为用心。用心总结，用心研习，用心传授。几十年的木匠生涯中，他带出了一批优秀的徒弟：如万方平、万元成、彭志明、万胜国、黄俊、向德海、米杰、庹先军、田李咸、杨尚荣、万成昌、万义重、陈施亮、杨健、杨雅琦、杨漩、李建田等。他的徒弟又带出了好多个徒弟。

社会发展，历史演进，乡村振兴。恩施旅游产业蓬勃发展，恢复土家族非物质文化遗产方兴未艾，传统村落恢复重建接踵落地。万桃元高超的土家族吊脚楼营造技艺使他在建筑修缮工作中如鱼得水。2007—2014年，万桃元主持了咸丰县省级文物土家族传统建筑“蒋家花园”和“严家祠堂”的修缮工作。2015—2017年，万桃元担任世界文化遗产——“土司皇城”抢救再建和唐崖古镇特色民居改造工程的顾问。万桃元在当地掌墨设计修建了不少新农村院落、农家乐庭院，为社会、为当地做出了突出贡献。

根据万桃元历年的表现与成果，以及对土家族非物质文化遗产的传承和宣传，他被咸丰县政府评为“能工巧匠”“农村优秀人才”；被咸丰县政府授予第二届优秀“农村实用人才”；被咸丰县组织部、人社局、文旅局评为“优秀旅游商品传承制作人才”。

传统的木匠技艺都是口传心授。传统的传承方式不适应社会发展快节奏，万桃元便发挥自己的聪明才智，将技艺和工艺过程编成顺口溜，使之易记易诵，易于传授徒弟和学生。

画墨：柱推好后画中墨，高秆落柱来点穴。一步一步少不得，大进小出东西绝。尺靠中墨要看清，九十尺度要画正。地散一穿到楼枕，挑眼花穿四步顶。枋片楼枕宽窄定，灯笼眼子莫忘今。上头叉口对面清，下面还有三叉型。中堂画完画两山，画拢楼枕高拖三。两头一样任君观，其中说法叫“升山”。

上退：首先退尺备一根，长短比例师傅定。还要曲尺定中心，墨角戴在左手紧。长度宽度大小出，深度中心莫糊涂。一个眼子蹬一步，步步为宫要记住。排列地上到一边，挑眼花川四步连。顶穿也要上退完，地片两面渔母见。片枋两头肩膀榫，背面一步缩两分，楞面多少师傅定，至少也要两三分。

冲天炮(厢房转角最复杂部位)：一柱多枋四面布，形象雨伞筋骨出；匠人命名冲天炮，转角轴点不能无。土家建筑一柱精，正屋吊脚来合成；转角重点将军柱，接纳多枋构楼群。

就是营造吊脚楼过程中的“说福事”，万桃元也运用夸张的手法编成顺口记诵的诗段，让宅主及亲朋好友听后喜笑颜开。

万桃元的吊脚楼营造技艺的精湛高深和深入浅出的教授方法，以及直观易懂的绘图手法受到有关建筑类大学肯定。2015年，万桃元被湖北民族民间文化艺术研究中心聘为研究员，被湖北民族大学聘请为客座教授；2017年，被三峡大学聘为吊脚楼营造技艺研究员；2018年，被恩施职业技术学院聘为“土家族吊脚楼营造技艺”“技能大师”，被湖北省普通高等学校人文社科重点研究基地巴楚艺术发展研究中心聘为“艺术家”；2019年，被中南民族大学聘为国家艺术基金2019年度艺术人才培养资助项目“鄂西土家族吊脚楼传统工艺传承与创新设计人才培养”授课专家。万桃元给大学生授课也由原来向学生“念”讲稿到如今运用电脑制作PPT课件讲课。

随着恩施州旅游业的兴起，越来越多的人关注到恩施土家族吊脚楼营造技艺文化。万桃元抓住这一机遇，从2015年开始，他便挤时间研究、制造吊脚楼模型。万桃元制造的吊脚楼模型小巧玲珑、美观真实。其中有的被旅游区收藏展览，有的在旅游景点售卖。2018年，他的一件模型被一名北京游客出价2万元买走。万桃元制作的土家族吊脚楼双吊模型，获得国家知识产权局“吊脚楼(撮箕口型土家杆栏式)外观设计专利权”。2018年，他的这一类土家族吊脚楼模型被湖北省档案馆永久收藏。

万桃元，这位从恩施农村走出来的土家族吊脚楼营造工匠、掌墨师，将这一技艺传承发

聘　书

国家艺术基金

万桃元老师：

诚邀您担任国家艺术基金 2019 年度艺术人才培养资助项目“鄂西土家族吊脚楼传统工艺传承与创新设计人才培养”授课专家。

特发此证。

中南民族大学美术学院

万桃元的大学聘书

万桃元的专利证书

万桃元在现场教学(柯兴碧/供图)

“鄂西土家族吊脚楼传统工艺与创新设计人才培养”高级研修班

扬，为恩施州乡村振兴、经济社会发展做出了重要的贡献。

这正是：受宠不惊，为尽事业学不止；担当作为，艺技精湛传武陵。

万桃元制作的土家族吊脚楼模型(柯兴碧/供图)

万桃元与他制作的吊脚楼模型(柯兴碧/供图)

第五部分

烟火人间

土家族吊脚楼民居生活故事

光影吊脚楼

1

笔者有一张珍藏的照片，朋友命名为“风雨吊脚楼”。

照片的右侧，远山叠嶂，白云飞翔。一幢幢土家族吊脚楼，你牵着我，我拉着你，仿佛喊着高亢而悠长的号子，在临水绝壁之间盘根附壁，山藤盘绕。楼群下是瀑布酿成的小溪，小溪旁是青石铺就的蜿蜒小径。一条光润如玉的青石小径上，青石板若一行行短诗，伴着日月四季走家串户，在没有尽头的路上，不知疲倦地吟唱着楼寨里的铁血丹心与儿女情长。

在笔者心中，这吊脚楼已不再写实，她将山的绝、水的灵、楼的磅礴与天空的变幻莫测融合在一起，展示出了“天人合一”的人间典藏和“道法自然”的智慧与奥妙。其重叠、错落、黑白相间的泼墨与淡抹，在时光的积累中，已具有无比丰富的雕塑感和穿越时空的震撼力。

笔者站在画面左边的山堡上，隔着一条云遮雾绕的小溪，孤零零地凝望着吊脚楼寨子。这凝望是在雨中，笔者全身淋透，头发一绺一绺的，雨珠在眼前滴落。雨中也有泪。

土家族吊脚楼靠山拥水，融合自然

笔者很喜欢这张照片，总觉得它有很多话要告诉自己，笔者也有很多话要告诉它，一直想把它挂在客厅，以便我们经常交流。

土家族吊脚楼遍布恩施城乡，那里有笔者祖祖辈辈凝聚的亲情、世世代代打造的精神、闻得到香味的乡情俚语、丰盈的思念与情怀，那里有把自然与人情、自然与发展、自然与超越搭建得无比巧妙的生态家园。

青山不老 相拥共度

2

给笔者拍这张照片的人是摄友，重庆巫山人，早年在恩施的大山里弹棉花。

入恩施时，他只有十五岁。他说，他们那儿过去穷，很穷。山太绝，水太烈，路太难，人太苦。那里的人要么被贫穷困死，要么出走四方。

可以想象一个只有十五岁的人独自出门闯天下的情景：孱弱的肩膀背着磨棉被的大木盘，斜跨弹弓，一双小手分别提着一个弹花槌和一个牵纱篾，就那么从摇摇欲坠的家中走了。没有时尚衣装旅游鞋，没有智能手机银联卡，没有家人的嘱咐和担忧，更不可能有车接车送。从此，他要靠自己的双脚走天涯，任凭豺狼虎豹，任凭风餐露宿，任凭山高路远。

他到的第一个地方，是恩施的高山村，叫凹坝。村子不大，数十栋独立的吊脚楼分布于数十座山坳之中。每个山坳都是遍布山石的梯田。细细长长，从坡下至坡上，层层环绕，似大自然按下的指纹，细腻亲切，美得让人惊叹。

置身于蜿蜒的山村，他就喜欢上了这里的蜿蜒，这里的柔美。特别是那走马转角挑廊式的吊脚楼，那儿有红红的辣椒，白白的大蒜，黄黄的苞谷，绿绿的衣衫，孩童的欢乐，姑娘的笑声，母亲的温暖，父亲的慈祥。还有如音符跳跃的青石板，千年古树上的新芽，轻盈斑驳的雕花窗，仿佛时间被凝固，让人忧烦尽释。

发现了生活的美，苦日子不再苦。

“嘣，砰。嘣嘣，砰砰。嘣，砰。嘣嘣，砰砰……”沉寂的凹坝传来小弹花匠用木槌敲击弓弦的声音。这声音时而低沉，时而高亢，弹出小村一片热闹，也弹出了吊脚楼里的温暖。

那个年代弹棉花的，一般都是上门服务。在哪家弹，就吃哪家的饭，盖哪家的被。

这样一晃就是五年，鄂西的山山水水他几乎跑了一个遍。凭借弹棉花的好手艺，他与村民们混得熟稔。

土家族吊脚楼——秋天的色彩

一个春暖花开的日子，他来到獐子渡，就是照片里的那个村，住在村口第一家。那“嘣嘣，砰砰”的弹棉花声，与“叮叮咚咚，哗哗啦啦”的溪水声形成了合奏，美妙极了。

弹棉花一般是两人搭档，或师徒，或父子，或夫妻，或兄弟。但他自始至终是孑身一人，忙不过来的时候，请主人凑凑手。巧的是这家当家的与儿子外出打工去了，只有母亲和一个姑娘在家，这凑凑手的人就是和他年龄相仿的姑娘了。

弹棉花工序主要的是弹、压、上线。如果是旧絮翻新，还有一个撕絮的工序。弹花人在工作时，系一腰带，后插一木棍，用绳系住弹弓，左手把握弓背，右手持槌。弓弦忽上忽下、忽左忽右，均匀地振动，使棉絮变成飞花，再重新组合。那飞花四处飞溅，犹如一群群受惊的洁白小鸟，迅即飞起，又慢慢地落下。棉弓指向哪里，哪里就是一阵喧腾，此起彼伏。你看着看着，案板上就堆积起了厚厚一层松软的、白云般的棉花。

弹棉花之后是压絮，压絮之后是缠纱。缠纱线是一个细活。过去没有现成的纱网，一床被絮要缠上近千根经纬线，完全凭靠弹匠用一根细细的牵纱篾勾着纱线在被絮间穿梭。似蜻蜓在雪地中点水，又若蜘蛛在白云里织网。此时姑娘就上阵了。他在左时，她在右；他在右时，她在左；他在上时，她在下；他在下时，她在上。循环往复，直到把被絮网住、网好、网漂亮。

不曾想，他们网着网着，把自己网住了。姑娘不让他走了。

弹花人不走千家进万户，吃什么呢？土家姑娘聪明呀，她出了一主意，这主意事后被证明是好主意：就在她家弹棉花，她和母亲去卖弹好的棉被。

这个主意好呀，天底下的弹花人怎么没有想出这个主意呢。自此，他们迈出了产供销一条龙的新步伐。

刚开始他们征服了方圆五十里，后来他买来了弹花机，开始了工业化的流水线作业，让村民们组成销售队伍。他们的生意火遍了湘、鄂、川、渝大山里的吊脚楼。

吊脚楼里有柔情，有浪漫；有勤劳，更有智慧。

已是华发头上戴，风霜雨雪屋中暖(刘孔华/摄影)

3

笔者那弹花匠摄友，现已从事地产行列。不过，他仍然喜欢拍吊脚楼，有着“吊脚楼摄影师”的光荣称号。

他拍吊脚楼的嬉闹。

清晨,雾比城里早餐店的姑娘还起得早,邀着小溪,慢条斯理地给山寨画好了淡淡的妆。霞从东边映出,又给吊脚楼抹了一层胭脂,这是他最钟情的时段。溪边有妇女在浣洗衣裳,勤快的人们,保留着古老浣衣的传统,用的是木槌,木槌拍打着覆在石头上的衣服,一声一声,有时如鼓点,有时像鞭炮。忽一声起,有人往溪水丢石头,惊起女人的叫喊,再是男人女人们的打闹,这平静的水面乱了,山里人的欢乐掀开了……

他也拍雨中吊脚楼的低吟。

他说,雨中的吊脚楼,表情最为丰富,就像一个老人打开了话匣子,敞开心扉。那披着蓑衣、卷着泥腿、牵着壮牛行进在弯月样儿的田埂上的耕夫,有着"竹杖芒鞋轻胜马,一蓑烟雨任平生"的人生洒脱。那雨打石阶犹如谆谆絮语,还有吊脚楼上若飘带似狂草的袅袅炊烟……都足够他仔细品味,慢慢阅读。

他还拍吊脚楼的夜宴。

因为灯光的缘故,是在城里拍。地点就在州城的土家女儿城。

为什么选定女儿城呢,因为女儿城的灯光打得特用心,像伺候新娘似的。什么地方用仰光,什么地方用背景光,什么地方用逆光,像是精心设计过的。这么一打扮,那女儿城的吊脚楼就显出了比白天更迷人的身段:轻盈的线条美,古朴的结构美,红彤彤的脸蛋美,一片片的舞姿美,层层叠叠的气势美。这里还有绿树、红花、歌舞、弹奏、叫卖、夜宵、喧闹……好一幅现代版《清明上河图》。

一次,他拍照回来,急忙要见笔者,脸色特别凝重,两人还有 3 米远,他就说开了:"过去我自以为是吊脚楼的知音,其实,我根本不懂吊脚楼,自己太肤浅,太不知敬重,难怪自己没长进。"他满是愧疚。

笔者问,为何如此自责呢?他说:"我去了鹤峰雕岩,拍了 3 户人家,吊脚楼不是很特别,但人很特别,故事很特别。"

那是 1977 年,那时还是以肉身与自然抗争的艰难岁月。鹤峰县为修雕岩一段路,仅 3 千米,竟有 13 人牺牲于崖谷。民工李恩权在千丈绝壁打炮眼,不幸坠落河涧,身子被折断,可手里紧握着向大山宣战的铁锤。姑娘赵贵英与未婚夫来到工地,5 天后,他们在悲壮中永别。赵贵英牺牲后,妹妹擦干眼泪,接着上了工地。民工黄如生牺牲后,他的儿子继续把公路往前修……

他感慨,老父失子不向山河举哀,夫妻离别只为大道通天。

笔者同样惊叹,恩施的吊脚楼里,既酿甜蜜醉人的米酒,也锻造不屈不挠的脊梁;既织浪漫秀丽的西兰卡普,也铸永远跟着太阳走的精神丰碑。

吊脚楼里的土家人,不仅有"一年三百六十日,多是横戈马上行"的丹心铁血,还有"为有牺牲多壮志,敢教日月换新天"的豪迈气概。

所以,土家男人千百年来又叫汉子。

他说,吊脚楼如山,吊脚楼若碑。

他要重新拍,他要重踏朝圣路,他要拍出一部有着土家人精神元素的画册。

飞梭走线，编织出土家人的生活色彩

这水墨丹青，是风雨过后的清江两岸

4

昔日的弹花匠成了土家族吊脚楼的女婿，吊脚楼养育了他，成就了他，锻造了他，现在他要回报她。他要投资乡村，投资古老的山寨。

他说，他最近研读总书记讲话，体会颇多，感受颇多，高屋建瓴，让人思想通透。

他说，21世纪，人类文明将会出现一个重大的转折，这个文明就是生态文明。这个新文明不可能再度从城市开始，而是从乡村——那一片希望的田野开始。今天我们可能感觉乡村是空的,其实是我们的心空了。当我们的心丰盈时,就会孕育出新希望、新文化、新哲学、新艺术、新设计。乡村是广阔的天地,因为中国的乡村不仅离天地最近,而且占有比城市更广阔的天地。

他还急切切地说:"错过乡村振兴,错过生态文明,你将错过一个时代!现在中央仅乡村振兴中文旅康养产业这一小块就投入了大量资金,可见中央的决心有多大。预计十年,也许不要十年,将达到30万亿的市场规模,成为中国庞大的产业。那是一个什么画面呢?我是没有这样的想象力呀。"

士别三日,当刮目相看。是呀,我们已走进中华民族复兴的时间隧道里,重新回到乡村,以此为起点,我们迈步走向生态文明新时代。

这是中华五千年以来最大的文明转型。五百年前工业文明在西方兴起,21世纪人类找到回家的路要从乡村开始。当代中国的乡村,是拥有五千年文明的乡村,是我们走向未来不可多得的资源与最大的优势。生态文明建设,城市当然不能落下,但最需要着力的地方,还是广阔的乡村。

土家族吊脚楼,我们慢慢明白了你在雕窗里的回望,你在挑廊中的招手,你在飞檐上的呼唤,你在风中的等待,你在雨中的坚守,你在岁月沧桑里的新生。

认清楚新时代乡村的价值,需要一种新时代的高维度思维,更需要前瞻明天的智慧和信心。

21世纪的乡村是什么样子,读懂吊脚楼,比着急建设吊脚楼更重要。

风雨吊脚楼呀,有你一样性格的土家儿女不会让你失望!

酉水吊脚楼今何在

土家族吊脚楼是土家人引以为豪的民居建筑。武陵山区土家族有多少年历史,吊脚楼就存在了多少载。它是这一地区独有的建筑形式,在世界建筑史上有着一席之地,因此,恩施土家人称自己是“仙居”在吊脚楼,这是对自己居所的一种高级肯定。

武陵地区自古山高林密,水系发达。巴人流散东进止步于此,视其为躲避战乱的好地方,于是逐河流水草而居,捕鱼猎兽,繁衍生息,他们便是土家先民。

有了土家人,就有了依地势而建的各式吊脚楼。

武陵地区的土家族吊脚楼群落,往往傍江河水流而生。恩施也不例外,因为这里是武陵地区众多江河的发源地。

河流孕育生命,生命依恋长河。发源于利川的清江、唐崖河和宣恩的酉水、贡水,以及鹤峰的溇水,是久居恩施各地土家人的母亲河。她们哺育恩施土家儿女,滋润森林沃土,为这里的苍莽大地创造了勃勃生机。源源不断,一刻也不停息,这是其使命。你瞧,贡水汇流清江,像不离不弃的姐妹,商量好了在宣恩鸡笼洞会合,携手前往宜昌注入长江。唐崖河自利川、咸丰往重庆龚滩一头扎进乌江,也是投入了长江的怀抱。倒是酉水和溇水野性十足,虽然“互不搭理”,却尥着蹶子奔向了一个地方——湖南洞庭湖。

恩施州各大河流的两岸,遍布着土家人的独有居所——吊脚楼,但保存下来的已经很少很少,像宣恩县沙道沟镇彭家寨这样保存完好的吊脚楼群,已经不多见了。

酉水来自海拔超过千米的宣恩县椿木营一个叫火烧堡的地方。古书记载,酉水原名酉溪,是武陵山区酉、辰、巫、武、沅五溪之一。它信步宣恩县的沙道沟、李家河之后,便在来凤全境开怀畅游,到达千年古镇百福司。酉水一路不停息,至重庆市酉阳、秀山,再辗转湖南龙山、保靖、永顺、古丈等土家族苗族聚居地,经历三省一市,与沅江汇合,成为湖南湘、资、沅、澧四大水系家族的一员。

酉水全长427千米,其流域范围内的土家族吊脚楼群也颇具特色。

酉水源头的村庄——宣恩县沙道沟镇漩湾村

1

漩湾,是酉水从高山下到河谷后滋润出的第一个土家族吊脚楼村庄,它距离宣恩县沙道沟镇不到10千米。酉水在这里拐了一个几乎90°的“倒拐子”弯(“倒拐子”是土家族方言,指弯曲的手臂),湍急的河水只是被岸边的山体挡了一下,就显得极不耐烦,河道整日白浪翻滚,涛声如马嘶般吼鸣。河的两岸一面陡峭,一面相对坡缓。酉水上游峡谷幽深,选择在漩湾安居的土家人,把房子建在了河对岸坡缓带。久而久之,这面坡的吊脚楼越来越多,这家的后屋檐接着那家的屋基坎,左右的排扇挨着邻家的地脚枋。一家煮饭,邻里闻香。谁家喜事,谁家争吵,几乎能瞬间传遍整个村庄。

从河对岸看,漩湾的一幢幢吊脚楼像一个个木质玩具,上上下下、密密麻麻挂满了山坡。20世纪80年代开始,随着生活条件的日益好转,漩湾吊脚楼群在四季轮回中有了色彩的变幻。春夏,房前屋后百花斗妍;秋冬,人们将成熟的玉米棒连壳撕开后,扎成一个个如莲花般绽放的小捆,或骑立干栏上,或倒悬屋檐下,满眼金黄。雨天,吊脚楼群被云雾缠绕,白里透着青灰,勤劳的土家人披蓑戴笠,早出晚归;晴日,家家户户的干栏上是五颜六色的衣裳和棉被,房顶青瓦晾晒着大大小小的簸箕,里面有红辣椒、土豆片、花生芝麻、豆豉辣酱,像是天空打翻了调色盘,随意点染了画布上的一个个吊脚楼。河边捣衣的土家幺妹儿、村姑,在水中摸鱼嬉戏的顽童,则是另一种色彩的风景。初见此景,让人赏心悦目;再见,令人恋不思归。

漩湾吊脚楼群,曾是酉水上游的最美村庄,这样的情景,再厉害的画家、摄影师、墨客文人,描出的画、拍出的片、撰出的文,都无法完美呈现其中本真底蕴。

它的美,无法复制,却正在消失。

比翼齐飞，并肩向前

20 世纪末，宣恩县沙道沟镇在漩湾另一岸修通了公路，一座钢丝托着木板的“甩甩”软桥横跨漩湾两岸。这座简易的桥，连通了村庄与山外的世界，方便了村民的生产生活，也加速了山村吊脚楼的消失。青瓦不抵寒暑，木柱难逾风霜，土家族吊脚楼的木头柱枋，逐渐败给了钢筋水泥等坚固的建筑材料。这是吊脚楼的无奈，也是时代前行中的“残酷”。

今天，漩湾村庄已是一片“炮楼”式灰白民居，即使还有那么几栋残存的吊脚楼，也是人去楼空，孤零零，冷清清，佝偻扭曲，摇摇欲坠，让人有一种英雄迟暮的哀伤。那如诗如画的景象呢？那惹人着迷的红黄蓝绿呢？

其实，漩湾岸边的村庄，也随着这里的吊脚楼，正在老去。从漩湾沿酉水行至沙道沟镇，往日林立密布的吊脚楼难见踪影，钢筋水泥“壳壳”到处都是。

今日宣恩县沙道沟镇旋湾村——已难觅吊脚楼踪影

土家族吊脚楼群，真的敌不过岁月的脚步么？

也不全是，彭家寨就是个奇迹。

2

沙道沟镇平日里也算宁静，偶尔喧嚣，是房地产商开发的商品房建设工地。这些房子高耸于酉水之滨，如叠加在一起的火柴盒，四四方方，或灰白或青黄，像是从哪儿复制过后，牢牢粘贴在了这个地方。穿镇而过的酉水，岸边高筑防洪堤坝，曾让河水无限依恋的自然青翠不见了。那高大蔽日的麻柳树哪儿去了？河边一幢接一幢的土家族吊脚楼，蛙鸣悠扬的清脆旋律……这些，昨日的美好，在今天却已成往事记忆。沙道沟镇，昔日被誉为鹤峰、宣恩、来凤三县交界之地的“小香港”。茶马古道上的热闹集市，变化太快，也变得让许多人不能接受了。

酉水只得逃离似的奔流，一副无可留恋的样子。

往西南流淌的过程，应该是酉水较为舒心的。酉水到达彭家寨时，被当地人称为“龙潭河”。这里秀水青山，河道自然曲展，酉水划出一道优美的弧线，形成了百年吊脚楼古村落——彭家寨的天然屏障。

彭家寨位于武陵山北麓的宣恩县西南部，有整个武陵地区迄今为止发现规模最大、保存最完整的土家族吊脚楼古建筑群落，距今已有超过300年的历史。据当地人口口相传，清朝康熙年间，一位姓彭的土家人带着一家人从湖南永顺逃难至这里，见此地有山有水，有坡有坪，便定居下来。久而久之，就有了彭家寨的习惯称谓。

到20世纪末期，彭家寨人户达到50户近300人。全寨子除少数是李姓外，均为彭姓。

彭家寨所踞地势极好，后倚长满翠竹树木的青山，前有良田千百亩，酉水如护城河般把守寨门。一首流传至今的古老歌谣，道出了彭家寨人对家园山水地势的满意度：

观音座莲金字塔，

怀藏四龙装待发。

十八罗汉二面站，

人杰地灵天造化。

山水依旧，岁月轮回。这是久居彭家寨的土家人对家园的精神寄托，也是他们对未来生活的美好执念。

宣恩彭家寨——被誉为武陵地区土家族吊脚楼“活化石”

彭家寨的吊脚楼群,俨然是土家族吊脚楼建筑的博物馆。23幢吊脚楼聚集在一起,却又是各有特色。有单吊式,又名“钥匙头”,双吊式则成“撮箕口”。人口众多、家境殷实者,往往是二层吊式、三层吊式,既实用又气派。而平地起吊式和一字吊式的吊脚楼,占据了寨内的大部分。这也说明,寨中富裕的大户人家毕竟是少数。西厢房、东火炕屋,以及背后的“退退儿”房,都是上有楼板,下有镇板(即地板),简称“上楼下镇”。中间堂屋是直通屋脊的,厢房再多,堂屋始终只有一间,一般设有神龛牌位,供一家人“过事”(指婚丧嫁娶、增添人丁之事)用。因此,它是整栋吊脚楼的中心。

宣恩彭家寨撮箕口吊脚楼

彭家寨里有着几乎全部的吊脚楼样式,称得上是土家族吊脚楼建筑的“活化石”,它在武陵地区土家族吊脚楼建筑群中拥有无可厚非的显赫地位。著名建筑学家张良皋先生曾不惧年事高,多次舟车劳顿,翻山越岭到恩施地区考察土家族吊脚楼,撰写出《武陵土家》专著。老人家当时已经八十高龄,仍然几次到彭家寨实地考察,并在《武陵土家》一书中对其艺术风格和价值进行了重点论述。老人家还曾撰文:“要挑选湖北省吊脚楼群的头号种子选手,准定该宣恩彭家寨出马。”这是他几乎踏遍整个武陵地区,阅尽吊脚楼群之后得出的结论。在《武陵土家》一书中,张良皋先生还热情洋溢地写了一首赞叹彭家寨的诗:

未了武陵今世缘,
贫年策杖觅桃源。
人间幸有彭家寨,
楼阁峥嵘住地仙。

故人西辞,后者纷至。不少建筑、文化艺术专家在考察彭家寨后,认为彭家寨的土家族吊族脚楼建筑群不仅是一种历史文化现象,更是具有一定研究价值的“活化石”,它就地取材,依山造楼,是土家人与大自然和美相处的智慧,也是具有顽强生命力的生态建筑。

2013 年 3 月国务院发文，湖北省宣恩县沙道沟镇彭家寨被确定为第七批国家级重点文物保护单位。

宣恩彭家寨——国家级重点文物保护单位

3

如果说宣恩彭家寨是酉水上游的一块土家族吊脚楼群“活化石”，那么来凤百福司的现代吊脚楼群，则是酉水在出湖北入重庆、湖南前怀揣的一张光鲜名片。

酉水告别宣恩李家河，进入来凤境内，便少有波澜。从来凤县城到百福司古镇，驱车里程约 50 千米，几乎是沿酉水河岸而行，路途平坦，少上下坡。由此可知酉水从县城到古镇无大的艰难险阻。酉水一路平淌，每到一地都有自己的称呼，如旺水、活水、绿水、漫水，清一色没离开水字。这四个名字也是河岸的地名，不仅串起了来凤境内的酉水路线图，也串联着散落在沿途的吊脚楼。

乡间公路两旁，无论是集镇还是乡野，不时有残破的吊脚楼颤颤而立，瓦片上满是厚厚的青苔，柱枋板壁长着不知名的小菌朵。这些吊脚楼大多人去楼空，让人感觉到它的奄奄一息。有的吊脚楼旁，则是新修的钢筋水泥房，形成一古一今、一旧一新的强烈反差。也许是土家人对吊脚楼有着一分旧情，有的就在新修的楼房前立上几根柱子，做起了带青瓦的屋檐，还在楼层之间安装上一排干栏裙廊，屋檐下做几个镂空格装饰物件，硬是想尽办法把现代建筑装扮成一副吊脚楼的模样，其结果往往是不伦不类。建筑是一种艺术，土家族吊脚楼也不例外，不然，哪有掌墨师这个职业呢？我们不想把这一做法归类于“东施效颦”之举，或者是弄虚作假，亵渎吊脚楼建筑艺术之作，但是，这至少算得上是思考不成熟吧。

来凤县城至百福司古镇省道旁，有不少这样的“伪”吊脚楼

散落一地的土家族吊脚楼，不少已是风雨飘摇——来凤县城至百福司古镇省道旁

落寞的土家族吊脚楼——来凤县城至百福司古镇省道旁

传统艺术需要继承，也不乏创新，但不能违背其灵魂真谛和核心价值，否则就会成为笑柄。

走进百福司千年古镇，酉水在这里依然开阔。河上一座大桥，直指集镇对岸一排排砖石结构的吊脚楼。簸箕大的"百福司"三个白色巨字树立在河对岸山坡上，仿佛在为河中练习赛龙舟的土家幺哥幺妹儿加油鼓劲。龙舟上传来的鼓声和吆喝声，如穿越古老时空的韵律，有一种历经沧桑不衰的厚重感。在古镇的入街口，有一处名叫百福的新建公园，里面竖着一尊高约 3 米、直径 2 米左右的青铜雕塑，那是个大大的象形文字——福。基座平台是直径 10 米有余的青石板，上面印刻着 99 个不同形体的烫金福字，它们与中间立体的福字雕一道，共同组成了 100 个福字，意为百福。这是当地土家人的期许，也是古镇的文化地标。

百福司古集镇已经很难见到古旧的吊脚楼，映入眼帘的吊脚楼或群踞或独立，大都是新建的。位于镇中心的土家族吊脚楼一条街，家家盖着青瓦，每一幢楼都被刷得金黄金黄。屋顶飞檐翘角，檐下柱枋榫卯，伞把柱、干栏围廊、镂空雕花门窗、石础磴等，均是土家古老吊脚楼的传承沿袭。

新建的土家族吊脚楼——来凤县百福司古镇

新建的吊脚楼一条街很热闹,传统的小吃、手工艺品不少。被油炸得金黄金黄的面窝、土豆,光滑嫩嫩的米豆腐、香喷喷的油茶汤、苕米粉,让人垂涎欲滴。这些色香味俱全的小吃,不仅是当地人的最爱,也受到远道而来的游客的欢迎,来到此地的游客,也是必饱餐一顿,离开时还不忘带上几样。

吊脚楼炊烟,小吃的味道,它是古镇土家人的乡愁,也是他乡客的诗和远方。

如今,百福司古镇已经是面貌一新,这是时代变迁的必然,但这里的土家人不会忘记吊脚楼。集镇上的吊脚楼崭新亮颜,这是不忘历史、远瞻未来的传承。不然,千年古镇的根就会渐渐被遗忘。

摆手舞是风靡土家族的舞蹈,曾多次登上世界各地的大舞台。其实,摆手舞的发源地,就在百福司古镇的吊脚楼里。

距离百福司集镇 15 千米的山村,有一个名叫舍米湖的村庄,自唐代就有人来这里定居,至今全村有 170 户 600 多人。村里的许多吊脚楼保存完整,古风尚存。在这湘、鄂、渝三省市交界的群山中,有一处藏匿于吊脚楼院落的舞堂。它是来凤仅存的三个摆手舞堂中最早的,也是最大的,有 500 平方米。有地方志记载,它始建于清顺治八年(1651 年),是渝东、湘西、鄂西一带土家族摆手舞的发祥地,因而被誉为"摆手之乡""神州第一摆手堂"。

摆手堂是土家族祭祀祖先和庆祝丰收的集会场所。每到丰收季节,村里的土家人就在摆手堂中央点燃熊熊篝火,然后围成一圈或几圈,随着阵阵鼓声翩翩起舞。摆手舞鼓点节奏简单:咚——咚——咚——咚,咚咚咚咚——咚;咚咚咚,咚咚咚,咚咚咚咚——咚,如此反复,能让人很快记住它的节奏规律。舞蹈动作也不复杂,里面有伴有播种、薅草、犁田、喂畜禽等农耕生活动作。围成几圈的人们或顺时针方向,或逆时针方向而动;或一圈顺时动,另一圈则逆时舞,形成变幻的动感视觉,让人乐此不疲,激情澎湃。

来凤县百福司古镇宣传橱窗中的舍米湖土家族摆手舞场景

千年古寨百年舞。从土家族吊脚楼里走出来的摆手舞,是土家人的传统舞蹈。它带着土家人积极向上的精神,一路走到今天,走进了恩施州大中小学的校园,走向了更大的舞台。

酉水远行,从不停留。因为她有前进的动力和方向,重庆酉阳龚滩,也有吊脚楼群等着她,浩瀚的洞庭湖等着她源源不断地注入。唯有一幢幢吊脚楼,坚守在她的两岸,屹立迎风雨,顽强会寒暑。这些吊脚楼或破败,或重生,总是不忘酉水滋润之恩。

酉水在来凤县百福司古镇浩浩荡荡出湖北入湘西

吊脚楼不会远去,因为有土家人的深爱、庇护。

土家族建筑文明不会远去,因为恩施大地乡村振兴的蓝图中不能没有它的身影。

老 房 子

老房子是一个家庭单元生活的历史文化记载。

笔者的老家有一栋老房子,它坐落在恩施市新塘乡顶坪。尽管近二十年没人居住,但笔者与侄子还是将老房子维护得很好;老房子屋盖漂亮,院坝及周围硬化平整,一字形三间正屋及双吊厢房修饰完整;除屋盖面掀去了小青瓦,换上水泥瓦外,其他构造基本原户原样。笔者一大家子想去享受田园风情时,便开车回到老房子住上两三日,转转山林,修剪茶园,采摘野菜,重温无比清新的农家趣味。

位于恩施市新塘乡的一幢土家族百年吊脚楼(柯兴碧/摄影)

笔者和家人每次回到老家,老房子周边的梅花、李花、梨花、橘花、桂花、油菜花、苞谷花、稻花各自错时争相向我们喷吐清香。屋前一丛修竹向我们问候致意;迈上十多级石阶,走进院坝,看见大门前、走廊上红红的大小灯笼,喜气扑面而来。屋旁屋后的楠林枞林传来飕飕风声,雀鸟欢叫不已。早晨,清脆的鸟鸣伴着甜甜的美梦睡到日升竿头。起床后钻进丛林,寻几捧野生菌做一顿鲜美的早餐。傍晚,全家人坐在院坝里,看夕阳落山,听习习清风,围坐圆桌旁喝着苞谷酒,听着老房子的故事,悠哉乐哉!

2020 年,国家级非物质文化传承人万桃元先生随笔者去了趟老家后,发出了"鸳鸯吊脚长相伴,喜鹊闹梅任君观。金丝楠木护家院,清江岸边一桃园"的由衷赞叹。

"一砖一瓦皆是史,一草一木总关情。"生长于斯几十年,乡愁情结常唤起笔者对故土的眷念,对祖辈辛劳的回忆。老房子木楼的斑点痕迹,屋檐滴水岩石的凹印,檐檩下挂着的串串红辣椒,穿枋上骑着的纽纽苞谷托,挂在柱头上的竹背篓,搭在晾杆上的蓑衣,还有吊脚楼下的石磨,司檐走廊中的排排蜜蜂桶……生动鲜活的生活场景时常勾起笔者对老房子生活情结的联想。

老房子之春(柯兴碧/摄影)

老房子始建何年,笔者无从知道;但祖辈选择此址建房居家是适合的。依山傍水,后靠青山,前遍修竹,右延山岭,左挨田园。远看,老房子坐落在圈椅式山势中,似一位悠闲的老人端坐圈椅上享受清闲之福。依居家环境而言,老房子负阴抱阳,背山面水,前面开阔,呈现"左青龙,右白虎,前朱雀,后玄武"地形地势格局;地势平稳,靠山雄厚,望山高耸,案山厚实,屋前河流曲绕,屋后及左右大山阳面照护屋场。

老房子依山傍水(柯兴碧/摄影)

老房子的三间正屋，是父亲十四岁时翻修的，距今约八十年。正屋高一丈六八，五柱四骑。正屋最显耀的当属长6尺，宽、高约1尺的那八条阶檐麻条石。麻条石从两三里的山脚下抬回来，没有十几个壮劳力是不行的。笔者想象那画面：十多个大汉，一个个赤着古铜色的膀子，穿着草鞋，拄着马叉，将麻条石绑上八纽杠，穿插抬起杠子，木杠勒进男人们肩上厚实的肌肉。领头的男人喊着“之子拐”，后面的男人齐声回应“慢慢摆”。抬了一截，领头人喊“打杵哦”，十几把马叉杵得地皮一震。父亲就提着水壶，给每个男人送上一碗凉水，男人们端起碗一仰脖子灌进嘴里，脸上写满了舒畅与幸福。接着，男人们又“嗨呵”地小步迈起来。这场面，书写的是憨厚、勤劳与质朴。

三间正屋，中间是堂屋，两旁为火炕(烧柴烤火的方形土坑)间。正屋正梁，中间系着的红布至今还在，梁上“乾坤”二字还依稀可见。为何居家梁上写上“乾坤”，按上梁时师傅祝辞说：“上一步，望宝梁，一轮太阳在中央，一元行始呈端祥；上二步，喜洋洋，乾坤二字在两旁，日月成双永世享。”这里的“乾坤”比喻房屋可以包含宇宙，可以容纳天地。堂屋后壁，设有神龛，上面贴着的红纸几年一换。写“天、地、君、亲、师、位”这几个字可得讲究，“天不上顶”(“大”字不能与上一横挨着)，“地不离土”(“地”字的“土”字旁与“也”要连写)，“君不开口”(“君”字底部的“口”须写得实实在在)，“亲不闭目”(繁体的“亲”字中“目”写时不能封严)，“师不当撇”(繁体的“师”字不写偏旁的短撇)，“位不离人”(单人旁要紧挨“立”字)。农村称这为“写家神”的规范。写家神要选择良辰吉日，每次写好家神后，两边总要写一副对联。这个时候，父亲、兄长、笔者及侄子总要在一起讨论一番对联内容。笔者记得有这几副：“发达全靠家和气，致富不忘党引领”；“耕读为本勤为念，忠孝两全心不休”；“祖遗功德儿孙旺，家传诗书代代兴”。每当家神对联写好后，父亲总要念叨一阵：“好对，好对！”不仅如此，父亲还找出火石(柴烧尽后的炭)，在老房子的板壁上歪斜地写上“后世不忘前世之师”“持家有如针挑土，败家如同水推沙”“锄头刨金银，扁担挑世界”之类的经典句子。这些火石划出的句子至今在板壁上还有痕迹。

神龛中线表面看起来正对大门中轴，其实不然，仔细丈量，总是差那么一点，约0.8毫米。笔者也不知道是什么讲究，这可能是土家老工匠的奥秘。两扇对开大门外加装两扇对合开“插子门”，又称“安门”，用以挡鸡犬。“插子门”高1.1米，宽1.7米。故乡民风淳朴，鲜有盗贼，一般民居人家常不关大门，只关上“插子门”。这是笔者在青少年时最深的印象。

“堂，明也，言明礼仪之所。”堂屋一般是土家人办婚丧大事、会客的场所。在老房子的堂屋里，笔者见证了长辈的几场丧事：奶奶去世是1959年，奶奶入棺后，只请道师做了简单的“开路”，第二天就入土了；母亲去世在1976年，丧事喜事不许大操大办，再加上家境不宽裕，各方亲戚请来了四班锣鼓送葬，只请一班锣鼓师傅唱了一夜“夜歌”；父亲去世正值改革开放兴盛的之年，国家走向富强。笔者的同学、同事、学生络绎不绝来家里给父亲送行。吊唁的各方亲戚锣鼓有七八班。还请了道师做了三天两夜道场，置办了百来桌酒席。

笔者也见证了在老房子举办的喜事：两个姐姐出嫁，笔者和兄弟们娶媳妇，还有侄子的婚事。大姐出嫁是1962年，农民开荒种粮，父母的勤劳换得家道的殷实。家富裕，礼仪兴。大姐出嫁那天，客人很多。特别是出嫁的头晚在堂屋中“陪十姊妹”仪式尤为热闹，客人中那些年轻的女人争抢着唱土家人的民歌、情歌，直到第二天早上迎亲的到了，女人们也不歇息。笔者结婚是1982年。当时国家改革开放刚开始，老百姓操办酒席也少控制，农村家族、亲戚相认走动兴起，父亲邀请了多年未往来的亲友，接受了六块喜匾和六班锣鼓。结婚当晚还举行了“喊拜”仪式。“喊拜”仪式在堂屋举行。司仪向“家神”祭告祖宗后，新郎新娘站在堂屋中间，司仪便请来一位位长辈，请长辈时先族内再亲戚，新郎新娘便向长辈行礼，并递上一杯糖水，喊一声长辈称呼，长辈便送给新人红包。好几个小时，腿站累了，红包也得了不少。

老房子正屋两边的吊脚楼原来破旧矮小。左边厢房做厨房，放置杂物柴火；右边厢房开铧场（把铁熔化后浇灌犁地的铧）酒坊，吊脚楼下作猪圈牛栏。撮箕口吊脚楼中间院坝的左边还立有一“朝门”（又称“槽门”），形成简单的“四合院”的外观。“朝门”亦称“院门”。吊脚楼民居依山而建，正屋大门朝向难免不够理想，营建之时便会在院落前增添一座朝向合宜的朝门，以改善住宅某些布局。按土家族建屋的讲究说法，正屋对面要远有对山，近有案山。老房子建一朝门，正满足了远有对山——笔架山，近有案山——人山岭的形势。在对面眺望老房子屋基，背靠主山脉，山岭顶坪，两边矮岭顺延。北面越过树林便是徒崖悬岩，崖下就是清江河，河对面就是人山岭。这山形地势使得老房子犹如稳坐山间平台中的巨人，一伸手似乎就可以触摸到对面的“案山”，正可谓“伸手及案，财源万贯”。遵循“房屋看凹不看包”原则，正屋中轴正对新塘笔架山山垭，朝门正看人山岭山凹。在 20 世纪 70 年代，两边吊脚楼厢房分别被父亲和兄长改建成现在老房子的模样。“朝门”被父亲改建厢房时拆掉了，再也没有重建，甚是遗憾。

老房子营造谈不上太多技艺，柱础、吊瓜、穿枋等部件没有任何雕饰，唯窗子有雕饰。老房子的窗，一种采用龟背锦形式。龟背锦是以木条拼合而成，其形状像乌龟背部的龟纹。龟纹是玄武神的象征，象征健康长寿、无病无灾。另一种采用“灯笼锦”。灯笼的象征图案、棂花的样式多样，层次丰富，有透雕效果，象征着建筑的主人财源不断，丰衣足食。

古老的雕花窗

简单明了的建筑是一种美，陪衬它的是更美的环境。

老房子左边厢房后有一口老井。它似老房子亮晶晶的眼，清澈明亮。老井很简陋，就是在一块大石头旁挖一大坑，周围用自然的石头砌起来，便成了井。井前面铺上几块大石块。

屋旁清水井（柯兴碧/摄影）

老井有两个特点：一是长年不干，没有溪水灌注，但井水总是满满的；二是井水有一种清淡的甜，细嫩，慢品留有甘甜余味，猛喝有舒爽之感。1949 年以前，父亲在家里开酒坊，用老井里的水煮酒红遍了清江两岸。当年，生活在老房子时，每逢喜事、节日，用老井的水煮的豆腐，都让客人赞不绝口，人们赞美母亲厨艺高超，超过村里的妇女们。一到夏天，农人劳作歇息时，不喝泡好的茶，跑到井边用瓢舀起井水就咕噜咕噜猛喝起来，"啊"的一声，穿喉而过的那种馋、那种爽、那种舒适从声音里放出来，从脸上流露出来，让人历历在目。笔者到现在，一回老家就只喝井水，从不肚子疼，肠胃也很舒服。笔者的一位婶子在外地工作，她回老家探亲，来笔者家做客时喝了老井的水，感觉味道特别好，就装上一瓶带去化验，发现这水有多种对人身体有益的矿物质微量元素。

现在，老井的水还是满满的。但家人早已在后山修建了水池，安上了自来水管。水源还是老井的水源。

老房子门前不到一里就是清江河。河流自西向东，似一条青龙从老房子左前方游经屋前，再游向远方的峰峡。河水清澈见底，两岸山峰葱绿。

一到夏天这里格外热闹，河边人家的大人小孩全都喜欢涌向小河，男人们则袒着上身或在河边垂钓，或扎个猛子游向河心；女人们也常常把家里的衣裤被褥背到河边边洗边聊，嘻嘻哈哈的笑声荡过河的那边；一群群小孩赤条条从河边石头的高处跳到河潭里，游一阵子又

清江两岸变幻的色彩(柯兴碧/摄影)

爬到石头上晒一阵子太阳;河中游轮上的客人向岸边的男人们、女人们挥着手,双手架到嘴边大声呼喊。树林映在河水里,山岩映在河水里,山峰映在河水里,画面美极了。微风吹拂河面,荡起层层涟漪,倒映的景形成的动感画面美极了。

虽然笔者家人离开老房子在外生活几十年了,但笔者少年、青年时在老房子的生活片段时时萦绕在脑海心头。

每到要过年了,新年需要的是新气象。时光走进腊月,村庄里擅长书法的人便忙碌起来。笔者家会写毛笔字的有好几个,自家大红的春联贴在门框上、柱子上,老房子便呈现出大红大红的喜色。村里远近的乡亲都很羡慕,他们跑到家里,有的要你送上两副春联,有的自备红纸要你动动笔。乡里乡亲的,这都得乐呵呵应承下来;再说,每每看到出自自己之手的那些大红大红的春联贴满了村庄,也觉得是一件极有脸面的事。特别是笔者的兄长,给乡亲们写春联最多。每到腊月,他写春联时那神态、那手势、那语气,心里早被一阵阵涌起的荣耀装满了。写春联时,摆上一张大方桌,执笔人站在中间,两旁围满了人,当执笔人展开红纸,前面一双手早等着牵住了纸的一头。一阵工夫,一排排春联排在堂屋屋里门外,大门的、侧门的、柱子上的,家人们便给乡亲们配好、折好塞到乡亲们的手里。家人们把喜气送到乡亲们的家里,把吉祥和祝福送到乡亲们的屋子里。乡亲们把热情、祥和、感激留在了我们的老房子。

一到腊月,土家人打年粑是少不了的。就是在那艰苦的岁月,乡亲们也忘不掉,只是糍粑的原料不是全糯米的,在糯米中掺上了苞谷粉。挨近年的两三天,乡村家家户户都忙着做年粑。笔者家因过年亲戚拜访较多,相应年粑做得多一些。这活是笔者和父亲显力气的时候,母亲将蒸熟的粑粑饭舀上一大钵倒进石碓,笔者和父亲抡起粑粑杠用力地舂,嘴里自然地哼嗨着,你一下我一下,直至把饭舂糯为止。一碓舂下来,满头大汗,尽管是腊月,也要光着膀子。舂糯后用两根粑粑杠一搅,托起放在抹油的桌面上,揉滚一番,用两手握住米团挤出一坨一坨的,再把分成的团坨放在大小不同的印壳里,用力压平后再倒出来,粑粑的一面便呈现出各种图案有“喜鹊闹梅”“福寿双庆”等。看着黄澄澄、白粉粉铺满桌子、门板、簸箕的年粑,全家人的脸上都是笑容,全家人从头到脚都是幸福。

在老房子里欢快幸福的片段远不止这些,每当笔者回到老房子时,眼前时常浮现出这样的情形:春天父亲戴着斗笠,披着蓑衣,犁田打坝;夏天母亲在养病日子里坐在阶檐口飞针走线缝补衣服;秋天村民们在院坝里撕扯着苞谷棒子,全是笑脸和喜悦;冬天全家人围坐火坑旁诉说家常……片段中既有幸福的,也有辛酸的,既有轻快的,也有沉重的,它们犹如一片片覆盖老房子的小青瓦,遮盖着掩藏着一栋老房子的秘密,成就了老房子永不泯灭的史诗。

老房子——笔者这样称呼祖祖辈辈生活的古老民居。老房子确实老了,与现代化的距离越来越远,与气派耀眼的现代建筑相去甚远,甚至会像濒临的珍稀动物一样越来越少。但不管怎样,笔者家的老房子经历了沧桑历史的洗礼,书写了几代人生活奋斗的篇章,见证了几代人衰兴更替的历程,联系着家风美德、子嗣延习和世代传颂的经络。它——老房子存在的价值应该是无限的。

鉴于此,笔者坚信老房子会健康地生活在那青山修竹、丛林密菁的犹如仙境般的环境之中,永远健康地活着!

土家金盆寨

鄂西南深山里有个金盆寨，名副其实有来头。葱绿山峦托起寨头，清清小河系住寨腰，挽了个圪垯才淌向寨口。铺设不久的水泥公路伸向山的深处。靠山靠水养育的两三百家在这深山金盆寨中日出而作，日落而息，生儿育女。

要寻土家儿女之魂，采土家汉子之风，金盆寨会告诉你。你驾着车或坐乡村客运车，爬过两座山，落入两道沟，眼前便豁然开朗，金盆寨会带给你故事、炊烟、欢笑。

走进寨口里把路，一幢四合院横在面前。

推开外立石墩内嵌厚厚楠木板陈旧得发着紫光的大门，金柱旁就有一位躺在藤椅上，叼着马棒烟斗，形象如名画《父亲》一般的老爷子朝着大门，亲和环顾。你没发问，他会大声地对你说："有事么？找我儿子办。"

你若没有走的意思，他会面向里屋，兴奋而又柔和地喊："淑珍，来客啦，你老子呢？"

接着一个小丫头从侧门缝里飘出来，你会自觉地随着丫头的招呼走进堂屋坐坐。当你还没缓过神来，丫头就端来一碗醇香的油茶，轻轻地递到你手里，让你舒心地品那醇香扑鼻的茶，享受那舒心可人的味。

丫头递了烟，礼貌地说："对不起，爹开会去了。"又给老爷子递了一碗茶。

老爷子愤愤地自言自语："开会，开会！我们在战争年代开了几个会？"

明白人稍一听，便知晓老爷子非等闲之辈。打听丫头，丫头便津津乐道起来。

"爷爷十几岁时就跟贺龙元帅当兵，站岗、放哨、送消息，跟随贺龙元帅打过洪玉池，负过不轻的伤，埋名隐姓在山洞里待过十几年。解放鄂西时，又风风火火地干了一场。迎接解放军，保护工作队，斗土豪分田地，都打头阵；之后，当了社长，又当乡长。现在拿退休金。"

丫头说到这，金柱下的老爷子伸起头岔道："孙娃儿，说这些干啥！"

丫头再不说了，并嗫嗫地告诉他："爹可能晚上也不回来。"

四合院是在土地改革时将罗地主的财产分给老爷子的。老爷子年轻时穷，日无田种，夜无归宿。中华人民共和国成立后翻身，有了土地和住房，才娶了老婆，有了儿子得才。老爷子当干部拿工资，老婆种田育儿，家道也还殷实。

逢年过节，各级政府慰问老革命。县里送上精美的挂历年画，区里送来绒毛毯，乡里送来菜油大米什么的。金盆寨有了老爷子，中华人民共和国成立后大集体时代年年有救济；改革开放这些年，年年有外援；金盆寨的男人，伸着脖子想着国家建设新农村；金盆寨的女人，乐业守夫，生儿育女。

总之，金盆寨有了老爷子而出名，金盆人有了老爷子而享福。

老爷子顾于革命工作，勤勤恳恳，唯逢年过节夫妻相聚，难得顾及儿子的成长。得才平常也就无羁无绊，无挂无惧，悠闲混着日子。

得才晓得老爷子脾气，想到没后门可走，前程还得靠自己挣。

到底是年轻人，脑子活络，有高中文化，转变也快。得才似变了一个人，队上干活也卖力，还组织了“青年突击队”。队里开会、生产、宣传都第一个上，上台发言也有板有眼。不到一年，还被社员选上生产队的读报员、宣传员和民兵排长。

老爷子听到乡邻夸得才有长进，看到得才起早贪黑出工，打心眼里高兴。特别是在一次晚饭时，得才跟老爷子讲起想入党的事，老爷子喜笑颜开，连声说：“好！好！这才是老子的后人。”接着严肃地告诉得才：“想加入共产党，要记住两句话，一不要图利，二要心里装着乡亲们。”

两年后，得才入党，又被组织选为贫下中农宣传队队员进驻区供销社。

不久，村里老村长病故，区乡急着配备干部。他们先征求老爷子意见，能否调得才回村里做代理村长，锻炼锻炼。老爷子同意，得才不太愿意，媳妇倒高兴，不担心丈夫远走高飞了。得才终归拗不过老爷子和组织的安排，回村里做代理村长。

得才在县听会，在区、乡学习，主持村里开会，布局全村生产，下生产队作指示，日臻长进。改革开放以后，发展村里产业，村民也得到效益。

得才干得积极。老爷子也高兴。

就在小河潭滨之处，有一栋整饰一新的撮箕口吊脚楼，与张得才的四合院咫尺相望，隔三箭之远。吊脚楼后面层峦叠嶂，郁郁葱葱。踏进槽门，书香之气迎面扑来。斗大的对联“勤劳至上去穷致富，耕读为本强国富家”映入眼帘。狗刚出声，主人从耳门里钻出来，脸上堆满了惊喜和笑容。不用你出声，他便发话道：“辰时喜鹊叫，巳时来稀客”，吆喝着请你进屋，让座，装烟，泡茶。你不用问，他会絮絮叨叨地给你摆一阵金盆寨的龙门阵。

他是吴三，祖宗三代在金盆寨繁衍生息。

吴三出口一句：“老子一辈子不做亏心事，没输过人。”“人”字说得很重。一句不着天不着地的话倒让你想继续听下去。

“人们说我吴三的屋场是官龙口含珠的宝地，了不起，发人发家。不过，从地形地势看，背靠青山，前临绿潭，也像‘龙口含珠’。连大地主罗霸王——也就是张得才住的屋场曾经的主子，都想换这屋场。也是，家里是发。爷爷一辈有秀才，我们弟兄一辈骚鼓鼓的三四个。中华人民共和国成立前，煮酒、喂猪、开铁行都红火，家里也殷实，别人也奉承。”

“张得才的老爷子当乡长，我吴三没求过他。不输理，政府规定的都缴。我靠劳动吃饭。张得才当村长，我也没求过他。搞集体，我一月出工三十，奉公守法，他们找不到岔子。我没要过国家一两救济，我给国家交公粮比乡邻积极。现在政策开放，田土下放，我晓得土地该种什么，种什么划算，我敞开大门和他比，哪怕他张得才一年拿工资上万。”

吴三的儿子家贵不想他父亲给客人摆陈谷乱芝麻之事，喜欢引客人到外面转转。随着家贵指的方向看去，映入眼帘的是美丽的乡村景象：吊脚楼和四合院的屋后都是郁郁葱葱的山，山上的树密丛丛的；吊脚楼与四合院之间田土大坝阡陌交通，绿油油的庄稼长得精神，路边坎边栽的果树好多挂了果；清澈平静的潭面上泊着几只小船，有两只小船上的一对男女似乎在撒网什么的。大坝间一条清溪把吴三与张得才承包的土地分得明明了了，细细比较田土里的景象略有差别，吴三家的层层梯田铺满了金灿灿的油菜花，大坝平展的地里是一片绿油油、齐刷刷的苞谷苗，道路田坎边的一排排桃树、一排排杏树、一排排梨树、一排排橘树交错着。溪的那边，张得才的土地里，四合院挨山边的梯田没有果园，仅一排排弱小的茶苗，大块的苞谷苗也不粗壮，田边地头只有几棵橘树。小溪上的一座风雨桥联系着两边的田土。

家贵壮实的身子劲鼓鼓的，但脸上没有自豪。他慢条斯理讲起他的故事。

读小学、初中、高中，家贵本希望像几个哥哥一样考上大学，殊不知名落孙山，他还想复读再考一次，可他爹不准。他爹开导他，农村人耕读为本。家贵的理解是他爹要身边有个依靠。再说，家贵怕他爹常板着的面孔，又心疼娘的劳累，就铁心在家务农了。刚回乡那阵子，跟着他爹起早摸黑下地，三天就晒黑了脸，膀子也脱了层皮。后来想做生意，他爹死活不同意，教训他："农民不种田，饿死帝王君，国家十多亿人吃饭，靠进口养不活人。"不上学后的那一年半载他是熬出来的。

后来，真能拴住家贵的还是淑珍姑娘。淑珍，漂亮乖巧，身段高挑，能唱能跳，说话又脆又甜，对着湾唱歌那调那影太迷人啦。日子一长，家贵由暗恋到后来主动追求，小溪上的风雨桥成了两人时常约会的场所。张得才有意让家贵做女婿，便随姑娘与家贵交往，还时不时把家贵喊到家里说说家长里短，让淑珍端些点心招待。后来，家贵的爹看出有些苗头，教训制止。开始家贵还找些由头：到山头赶野猪、下河沟摸螃蟹什么的，找机会幽会淑珍。

年轻人风华正茂，家贵、淑珍情投意合，该谈婚论嫁了。吴三见家贵年龄一天天大，又想到淑珍除有点"疯"外是没得挑剔的姑娘，也有成全他俩的念头。张得才想到自己没得儿子，看到家贵身体壮实，做活路是个把式，为人又实在，有文化、有礼节，便想着怎样使法子招家贵做女婿。双方父母有了想法，两家走动渐渐多了起来。

没隔多久，四合院里传来哭声，家贵第一个跑到淑珍家，得知是老爷子去世了。吴三没等张得才喊，主动跑来帮忙张罗。家贵给几个哥哥打电话，叫他们回来一趟给老爷子吊唁。家贵的三个哥哥包了车，买了花圈、鞭炮送去张得才家，并跪在老爷子灵前叩了三个响头。这件事张得才满意，觉得吴三家给了面子；吴三也高兴，觉得自己后人齐齐整整的，出个门有阵势。后来，乡亲们把这件事传了好久。

转眼到了秋天，农村忙着扳苞谷、割谷。张得才觉得该把女儿淑珍的事落实了，他跟老婆商量，请个分量重的媒婆去吴三家提亲。按土家人习俗，招上门女婿是女方主动向男方提亲。商量来商量去，淑珍的妈提出家贵的二爹合适，一是家贵二爹家境好，和家贵的爹兄妹关系处得好。二是家贵二爹为人活络，与张得才家也常有往来，还把自己的姑娘交给淑珍当妹妹待。淑珍也同意家贵二爹帮忙。之后，张得才请到家贵二爹，家贵二爹没推辞就应承了。

中秋，正巧按阳历日子又是吴三生日。淑珍给家贵打招呼，叫家贵给他爹生日做些准备，并叫他几个哥哥也回家，他们一家人去给家贵的爹过生祝寿，并决定提亲的事。家贵高兴得几夜睡不着，照淑珍的吩咐给哥哥们打了电话，又在集镇买了好些菜品，还请了至亲长辈过中秋。其实，吴三早听二妹说了这件事，只是不动声色，想锻炼一下家贵的办事能力。淑珍给她姐和姐夫通了电话，邀他们回趟老家。张得才也早早将礼品和红包准备得好好的。

这天，张得才请了两个帮忙的男人，一人挑着长长的猪蹄和一箱"建始大曲"，一人背着放在条盘上的家贵的、家贵爹妈的各一套衣服、一万元钱和一对蜡烛。张得才提着鞭炮，淑珍的姐夫背着一箱鞭炮，齐齐整整地去往吴三家。淑珍、淑珍的姐、淑珍的娘都跟在后面。一会儿，淑珍一行到了家贵院坝，张得才点燃鞭炮，吴三和几个儿子早早迎了出来，接过礼品放在堂屋的大桌上，家贵的大哥又把条盘上一对蜡烛点燃放到神龛台上。淑珍亲热地叫了吴伯吴婶。张得才放完鞭炮快步走到吴三面前,握住吴三的双手,连说:“给亲家祝寿啦。”吴三回应:“礼兴重啦,礼兴重啦。”家贵和几个哥哥亲热地喊了张叔张婶。酒席上,张得才与吴三都喝得尽兴,吴三端起圆杯酒,慎重地在张得才面前举起杯说,“亲家,一家人不说两家话。家贵和淑珍的婚事一不能全当上门看待,要两家跑两个家都要照看;二是成家后,有了孙子,第一个取姓张的,第二个要取姓吴的。没意见么?”张得才爽快地应了。吴三站起身,邀了堂屋中的几桌客人,“圆杯酒,满意!喝啦!”客人们高兴地喝尽了杯中的酒。

第二年春天,家贵和淑珍结婚。婚礼也没按当地“上门”的规矩由女方像接姑娘一样接男方到女方家举行仪式,而是头天吴三家迎客,淑珍和家贵在吴三的吊脚楼堂屋举行了仪式。第二天张得才家迎客,家贵和淑珍又在得才家的四合院正庭举行了一个典礼。这灵活的方式,两家都得到了满足。

儿女成了两家的连心桥。谁家做了好吃的,谁家来了客要陪一下,儿女在场坝里喊“爹妈来吃饭啰”,或两家的老人喊“请亲家公亲家母吃饭啰”,两家都不客气围在一桌,吃得香甜,喝得尽兴。

一天,家贵在饭桌上谈起一件大事。这件大事也是家贵和淑珍好多天在枕边合计过多次的。家贵说:“去年在县里参加新农村建设培训后,就想咱一家子领头在金盆搞旅游系列开发。现在说给两边爹妈,想你们支持。”淑珍在一旁帮腔,连说:“要得,要得!好事,好事!一定搞得起来。”吴三精明,要家贵说出具体计划和钱的来源。家贵说,现具备的条件一是公路修好了,交通方便,州城和邻近乡镇离咱金盆寨距离不远,游客到达都不要两个小时;二是山清水秀,空气又好,可钓鱼游山,有玩的地方;三是金盆是红色老区,有苏维埃旧址,有贺龙闹革命的故事;四是有现成的不同季节的水果园,可赏花,可采果;五是咱们两家房屋宽敞,罗叔、周伯、李幺舅家房屋都宽敞,妈和婶娘们饭都做得好吃,可以开农家乐接待客人;六是靠现成的山养羊养鸡,靠自然的河养鸭养鱼;七是淑珍能唱会舞,只要把金盆的姑娘们邀一下,就能成立一个演出队,给客人唱山歌演戏看。

吴三、张得才听家贵说得头头是道,心里思忖,孩子们有想法。

吴三到底是几十年打算盘会计算生活的人,大半生没做过亏本买卖。他想到办事就要钱,用手指捻了捻,问:“票子呢?”家贵没作声,望着淑珍。淑珍会意,走到她爹妈身后,摇着她爹的肩,撒嗲地求道:“把您和妈的积蓄拿出来,帮帮我们吧!”张得才没表态,眼睛斜着吴三。吴三懂得亲家的意思,在酒意的催促下,说道:“你拿我就拿。”家贵感觉火候已到八分,便又说钱的打算。他说,这事先成立合作社式公司,实行股份制,入股人一起制定章程,按股分红。假如一万一股,两老拿多少线,就有多少股,其他合作社成员也可入股。再说,用公司名义贷款,也算股份。

吴三刨根问底:“谁当这个家?”淑珍嘴快,“就家贵吧,我当助手,您二老当参谋。”淑贞这句话让吴三满足,他怕张得才是村长,要把握这个事。

吴三爽快地表态掏老本出资 30 万。张得才说,“我这些年积蓄也不多,加女儿结婚的人情,能凑起 35 万,就全部拿出来吧。”

家贵和淑珍两口子没想到双方父母如此爽快支持,家贵拿起酒壶,淑珍端起二老的酒杯,恭恭敬敬地斟满了酒,淑珍又给两边的娘倒上牛奶,一家六口在淑珍一声“预祝成功”中一饮而尽。

家贵接着安排几件事：自己在一个月跑好成立公司的事并制定出合作社章程。淑珍在年内办好辞掉代课教师的事，邀约年轻人组织好演唱队。淑珍的爸宣传组织村民加入合作社入股，组织入股成员选出公司会计、出纳。家贵给自己的爸安排了一件最劳心劳力的事——负责在年内修好一栋两层作民宿的撮箕口吊脚楼。

吴三做事利索。计划要做的事从不拖泥带水。第二天，他找到金盆有名的掌墨师万师傅。对万师傅说，家贵要修栋撮箕口两层吊脚楼，两丈一大八，五柱六骑；要走马转角、飞檐翘角、磉磴悬柱、雕花绣垛；年内搞起。

万师傅是什么人，土家族吊脚楼营造技艺国家级传承人，手下徒弟 20 来个。万师傅表态，料齐钱活，按时完成，包主满意。吴三和万师傅确定了动工、立屋的日子。动工日子确定在当月辛巳日，立屋确定冬月丁卯日，这两个时间都是好日子。吴三最后说，日子没得更改，工艺样花儿要一流。材料、吃饭他来管，用钱家贵两口子的公司包干。

各自都紧锣密鼓地做着各自的事。

不到一个月，家贵的“金盆珍贵旅游养生联营社”成立，并向农商行贷了款；张得才村长也组织到 30 多户村民加入联营社，并有 20 多户愿意拿出存款入股；淑珍的宣传演出队也热闹得很，男男女女，有唱民歌的，会笛子二胡的，会舞狮耍耍儿的，会土家民间文艺的，应有尽有。吴三的木匠班子十好几个人，砍啊锯啊刨的，热闹得很。这一段时间，金盆寨方圆十里的百姓都念叨这件事。

新修的吊脚楼只等排扇立屋。之前一个星期，家贵召开了股东大会，并通过了联营社章程。家贵宣布：联营社成立就是立屋这天。这天“整酒”不收人情，联营社成员可以来放挂鞭炮。本社成员只管邀请亲朋好友来，特别是城市亲朋要邀请到，管吃管喝不收钱。吴三心里知道这是儿子在打广告，就冲着大家说：“这天的饭钱酒钱由我吴三认了。”家贵接着商量淑珍的爹，能请到县旅游局和乡里的领导为联营社成立剪彩就好了。张得才村长明了这是女婿在造声势，当即表态一定把他们请来。淑珍在一旁保证，这天舞狮子、打连响、唱民歌，比过年还热闹。家贵最后对他爹说：“您还要出百把斤糯米的糍粑呢，抛梁粑是少不得的。”吴三爽快地答应了。

这天，帮厨的、端盘抹桌的、装烟倒茶的早早到了吴三的家，新屋坝里搭好了戏台。戏台上方挂着“金盆珍贵旅游养生联营社成立大会”的鲜红横幅。

早上，县旅游局的车、城里到金盆游玩钓鱼的车，跑到县城的东门时，人们看到路旁立着高达 10 米的广告牌：金盆招牌，珍贵旅游养生，让你着迷！

十来点钟，金盆寨农户院坝里、沿线公路旁停满了车，人山人海。一切活动按家贵预先安排的进行。县旅游局、金盆乡的领导上台祝贺、剪彩。家贵、淑珍在临时办公室向他们做了汇报。领导和专家们听了他俩对联营社的布局后，都竖起了大拇指。

上梁尤其热闹。万师傅口若悬河：“……上六步禄位高升，上七步齐家治国，上八步八方进利，上九步久远发达，上十步时来运到，越上主家越兴旺，民富国强万世昌……”一阵福辞说得几百个人笑脸盈盈。屋前屋后的人们大把大把地争抢着梁粑。接着，舞狮、打连响、划彩龙船的，有序进行。

下午，家贵、淑珍把乡里书记送到路口。家贵、淑珍各从上衣荷包掏出两张纸郑重地递给书记。书记展开一看是入党申请书，字迹工整。书记握住家贵的手，啧啧称道：“好啊，好啊，党组织需要新鲜血液，乡村振兴需要你们这些有能力、有理想的年轻人！”

家贵郑重表态：“请领导相信我们，我们会把红色老区变成绿色的聚宝盆的。”一旁的淑珍也很有信心地连连点头。

童年的吊脚楼

一栋土家族吊脚楼，里面至少装着几代土家人的故事。故事中有春花秋月的美好，也有生离死别的哀伤。有平淡，也有跌宕；有短暂，也有悠长。

21世纪的今天，钢筋水泥的现代建筑像雨后春笋，不断地冒出头来，以惊人的速度，正在抹去人们对吊脚楼的记忆。但是历经沧桑、浸入生命中的许多东西，总能躲过岁月的碾压，默默根植于人的心灵深处。

笔者是一个被吊脚楼刻了骨的人。

20世纪60年代，笔者出生在鄂西南的一个偏远小山村，最初的记忆，便定格在了山里的一栋栋吊脚楼。那里有笔者的童趣、足音，有笔者和它的对话。

一个屋场的杀猪饭

笔者家住在一个小垭口，垭口小道旁边有一棵枫树。枫树高大粗壮，高得让人仰视都很费劲，粗壮得五六个大人牵手才能合围。大枫树头顶巨型树冠，脚扎泥土深处。它挡风遮雨，像顶天立地的土家汉子，守护着笔者家的吊脚楼。

这是一栋六扇五间二进、外加两间横屋的钥匙头大瓦房。整栋屋住着三户人家，笔者家在堂屋西头，伯伯家在东头。吊脚楼里住着娘俩，老婆婆60多岁，儿子20岁出头。笔者管她叫姐，她儿子叫笔者叔。三家人同在一栋吊脚楼的屋檐下，加在一起有近二十人。

那时生活条件艰苦，一年吃不了几餐米饭、几顿肉。农历冬腊月的杀猪饭，是三家人相聚餐桌吃米饭、猪肉的难得时光。其实，这种聚餐是象征性的。哪家杀猪，必请另外两家人吃肉，而且是主人家专门来接，并要求做客的人家全家到场。赴宴的两家家主，往往准备的是同样的托词："家里人都吃过了，而且刚吃，就我贪嘴，等着吃你家的肉呢。"久而久之，只派一人到场吃杀猪饭，就成了我们这栋吊脚楼里的默契。

笔者小时候也馋。哪家杀猪笔者就守着，幻想成为家里的赴宴代表，独享一顿美味。但是等到肉香扑鼻时，笔者便被母亲准时唤回，关进了火炕屋。长大后母亲告诉笔者，小孩子不懂事，管不住馋嘴。她怕我上了桌子吃相难看，丢全家人的脸。

母亲告诉笔者，那时的全家，一年到头连饭都吃不饱，想把猪养肥，是不可能的事。伯伯家一家八口人，常常是储粮接不到来年的新粮。一年下来，至少有三个月的日子，完全靠种洋芋、红苕，外加挖鱼腥草、葛根、蕨等来解决。那么猪呢？怎样养活？春夏打青草、割红苕藤，秋冬采葛叶。坚持到农历冬月，直至"弹尽粮绝"，再也没有什么可给猪吃的，伯伯一家人吃肉的日子也就到了。如此养出来的猪，到头来也就几十斤肉，其珍贵程度可想而知。老姐姐家更糟糕，儿子种地，养猪的重任全在她的身上。旧社会过来的老姐姐，一双三寸金莲成了她生活的羁绊。笔者儿时的脑海里,满是她拖着瘦弱细长的身子,踉踉跄跄地出入吊脚楼的情形。春夏秋冬,早出晚归。老姐姐风里来雨里去,去寻找猪吃的食物。她能把猪养到冬月,已经是一个奇迹了。

一年到头,伯伯家和老姐姐家各自也就能得到几十斤猪肉,吃了一顿杀猪饭,然后给杀猪的屠夫留下一块带走(这是土家人延续下来的规矩)。剩下的肉被全部抹上盐、系上棕叶绳,挂在火炕的炕架上,烟熏火燎成了腊肉。熏好的腊肉褐黄褐黄的,高悬炕架顶上。腊肉是吊脚楼里的"奢侈品",伯伯家和老姐姐家过年、来年正月拜年走亲戚、农忙时请人栽秧、过"端午""月半"、平日里想"打牙祭"(土家语,吃肉的意思),等等,全指望它了。笔者家也不例外。

同在屋檐下,笔者家的情况也好不到哪儿去。但是家里每年的杀猪饭,母亲会让笔者吃个够。于是,家里何时杀猪,就成了笔者儿时问及母亲最多的一个问题——

"妈,我们家什么时候杀猪呀?"

"还没捉(土家语,买小猪的意思)回来几天呢。"

……

"妈,我们家什么时候杀猪呀?"

"家里的红苕藤还没吃完呢。"

……

"妈,我们家什么时候杀猪呀?"

"等到下雪的时候吧。"

"什么时候下雪呀?"

"过年的时候呀。"

"什么时候过年呀?"

"爸爸回来的时候呀。"

……

父亲常年在河里放排,与浊浪搏击,与险滩共舞。在一次次生与死的较量中,在母亲提心吊胆的一次次远眺中,在笔者长长地盼望中,父亲总是在临近过年的前几天,才姗姗归来。

父亲用背篓背回的大袋小袋,是一家人生活的希望。

笔者的童年,充斥着期盼父亲回家的思绪。

父亲回家,伯伯家、老姐姐家也很开心,因为父亲的背篓里,少不了给他们捎回来的礼物。

笔者后来才明白,为什么母亲总想尽办法,把家里的猪喂到农历腊月,喂到过年的前几天。

清苦的日子,掩不住吊脚楼里溢出的亲情。浓浓的烟火气息中,有笔者咿呀学语的懵懂、追逐嬉戏的无拘,也有着一家有事几家应的万般美好。笔者那馋虫般的童年,如梦如诗的童年,早已深深地融进吊脚楼的木柱青瓦、石磨风车的相守中,藏在吊脚楼朝花夕拾、日月匆匆的四季里。

因为吊脚楼,笔者有了仰视这个世界的习惯。

因为吊脚楼,笔者的每一次出发都不会忘记起点。

公社里的欢乐谷

家乡人民公社所在地，是山里鲜有的密集吊脚楼群落。机关学校、供销社、信用社、公社食堂、粮库、卫生所等，加上坡上坎下的农户人家，聚满了山里的人气。

公社所在的房子，是一个很大的吊脚楼。用土家族吊脚楼建筑营造掌墨师的专业说法，它应该基本属于四合水式结构，这是笔者现在才知道的。但笔者又觉得，公社的吊脚楼与典型的四合水相比，存在很大的不同。土家族四合水式吊脚楼建筑的特点是：后面正屋加两边的横屋，再加前面两头的厢房，上面连成一体而形成一个四合院；两厢房的楼下有一个大门，门前有出入四合院的几步石阶，只有通过大门前的台阶，才能进到里面的正屋和横屋。而公社的吊脚楼东边留有一个缺口，也就是一条通道，上面没有和南边的吊脚楼接上"水"（土家语，屋顶的瓦连在一起的意思）；再者，南边的这栋吊脚楼坐南朝北，没有整个大院前大门的功能，因而它不是真正意义上的四合水，只能算一个四面相对的吊脚楼院落。

尽管这个吊脚楼院落没有完全实现"转角接水"（土家语，联系紧密的意思），但它方方正正的模样很是气派。与它比起来，笔者家的钥匙头吊脚楼，一下子成了一个积木似的"小玩意儿"。

用现在通用的说法，家乡的公社，是山沟沟里的政治经济文化中心。自从笔者能在山间小道上自由奔跑，认得回家的路之后，公社的四方院，就成了笔者最喜欢去的地方。

公社院子中间，是一块长方形的泥巴地，上面长着稀稀拉拉的各种杂草，以狗尾巴草、车前草居多。春夏绿，秋冬黄，默默地用色彩变幻刷存在感。同在"巴山半水分半田"的武陵山区，公社的这块院坝，有现在的一个篮球场那么大，是山中难得的一块平地。公社开大会、学生做操、征兵体检、开商品交易会、放电影、县文工团送戏下乡等大型活动，都会在这个院子里进行。

公社的吊脚楼，珍藏着笔者童年的许多欢乐。它让笔者从这里开始，不断知晓山外的世界。

公社组织放电影，是大山里最热闹的事情。电影上演那天，只要公社广播站一声通知，居住偏僻的人们，不惧山高路远，背着火把翻山越岭，从四面八方赶到这里，过一把眼瘾。电影散场后，他们把火把点燃，一路舞动，以此照亮回家的路。山间小道上或零散亮光，或火把长龙，在山村的夜晚，如萤火虫跳动，划出了一道道弧线。

那时，公社没有通电。平日里，人们一般用煤油灯照明。家里困难的，只能去山里砍回松树，晾干后劈开，把含松油的部分剖成小条状，然后点燃照明，称之为"油光"。放电影没有电是不行的。怎么办？放映员的背篓里有脚踩发电机，架起来像两辆并排而立的自行车，中间架着发电机。放映时，只要放映员一声号召，观众中的壮汉们自告奋勇，轮番上阵。一块电影拷贝盘子放完，两位壮汉已是满头大汗，于是趁着换片子的间隙，赶紧换人。有时踩发电车的人出现体力不支，但又没到换人的时间，往往导致放映机供电不足，电影里的人物对话或音乐就会失常。一旦出现供电不足的情况，电影里哼哼呀呀的声音，不时引来观众哄堂大笑。

小孩子看电影的时候，是不带椅子或凳子的。因为带了也没用。在院坝里看电影，就看谁来得早，谁的椅子高，谁就能抢占到"露天影院"的最佳位置。有时候，好的位置被抢占完了，公社里的人就只能坐在最后。一旦出现这种情况，放映员往往会突然采取行动，把挂银幕的位置换到对面。一阵躁动之后，后排成了前排，前排成了后排。笔者那时候太小，搬个小板凳都费劲，更别说搬大椅子了。时间一长，公社里放的总是那几部电影，剧中人的一举一动、一招一式，小孩子都太熟悉了，笔者甚至连整场电影的台词都能背下来。因此，小孩子不会老老实实坐着看一场电影。再说，小孩子本就好动、淘气，坐不住。电影开演后，小孩子就像一群"小小游击队员"，一会儿跑到前面，一会儿窜到银幕后面；一会儿爬在吊脚楼的田角眼里，一会儿又挤到放映机的旁边……电影里的演员唱前一句，小孩子就跟后一句——

《红灯记》剧中李铁梅唱：我家的表叔——

我们一齐接唱：数——不清。

《红灯记》剧中李铁梅唱：没有大事——

我们一齐接唱：不——登门。

……

《智取威虎山》剧中金刚吼道：天王盖地虎——

我们一齐吼道：宝塔镇河妖。

《智取威虎山》剧中金刚吼道：莫哈莫哈——

我们一齐吼道：莫哈莫哈。

……

《红灯记》《智取威虎山》《沙家浜》等经典样板戏，一遍又一遍地上演，一年又一年地继续。这三部电影，伴随了笔者的整个童年。当笔者步入少年时期，公社的"吊脚楼影院"里，有了《地雷战》《地道战》《南征北战》《奇袭》《英雄儿女》等诸多新电影循环上演。

平日，公社吊脚楼院子里波澜不惊。但是，只要是四方银幕布在公社吊脚楼的"签子"(土家语，指吊脚楼上的栏杆)上一挂，那就是山村的狂欢之夜。

电影开演，旁边的商店也不闲着，售货员一边看电影，一边卖东西，工作娱乐两不误。

公社吊脚楼的供销社商店，担负着全公社三个大队200多户人家的生产生活物资供应。布匹、煤油、肥皂、面条和糕点等物资属于计划供应，人们只能凭票购买。布票、肥皂票、煤油票、粮票等，公社按每户人数配发。因为物资供应不足，配发的票就少，大都不够用。倒是糖果不用配票购买，而且很便宜，一毛钱可以买到十颗。因此，找母亲要到一毛钱，能使笔者快乐好一阵子。

公社吊脚楼围成的大院，是笔者童年的欢乐谷。在这里，笔者的快乐很简单。简单到一场电影，一毛钱，一块饼干，一颗糖。

堂姐哭着出嫁

笔者家吊楼子(土家语，吊脚楼横屋)背对着一座山，一座名叫三虎架的大山，清晨的云海、雨后的雾霭，都捂不住它高昂的头。堂姐的家，就在山的那一边。

堂姐做得一手好布鞋，绣得一手好鞋垫。干农活，不逊于男人；下厨房，能烹出一桌香喷喷的土家大餐。用当时衡量农村好女人的标准定义，就是"粗细都来得"。粗，是指农活；细，是指做鞋绣花的针线活。

堂姐很美，美到全公社的小伙儿都想娶她。

堂姐能干，能干到全公社的姑娘都羡慕她。

笔者第一次见到她，是身为“上客”(土家语，娘家至亲的意思)的母亲，带着笔者去送堂姐出嫁的那一天。

那是一个初冬的早晨，母亲安顿好家里的事情，带着笔者直奔堂姐家。在翻越三虎架的路途中，笔者不时被路边草丛中突然飞出的野鸡、窜出的野兔吓得惊叫。母亲一边安抚我，一边用手中的竹杖探路。有时，路边也会冲出如山羊一般的家伙，有黄色的、黑色的。一蹿一闪，瞬间不见了踪影。笔者一路惊惧，母亲倒是很淡定。后来才知道，它们是山里常见的麂子、獐子之类。

翻过大山，一路下坡到河谷，岸边一栋一字形吊脚楼出现在笔者眼前。“幺佬儿(土家语，家里人对最小儿子的称呼)，到了！”听到狗的几声叫唤，吊脚楼厢房的窗户里探出一张笑盈盈的脸。母亲说，快叫堂姐。

母亲放下背篓，进厨房帮忙去了。笔者就到厢房里一边看堂姐绣鞋垫，一边和她说话——

你绣的花好看。

姐姐给你做一双好吗？

……

你喜欢出嫁吗？

姐姐不喜欢出嫁。

什么是出嫁呀？

出嫁就是姐姐离开爸爸和妈妈。

说到这儿，堂姐眼中含着一丝泪花。笔者沉默了。

堂姐的手好灵巧。一阵飞针走线，鞋垫上的朵朵鲜花，竞相绽放。堂姐发如青丝，肌肤似玉。她就像张贴在吊脚楼厢房里的一幅美人画，让人看了还想看。

第二天一早，一位老婆婆拿着几根细细的麻线来到堂姐的厢房。她用这几根麻线，在堂姐脸上扯来拉去。不一会儿，堂姐的脸变得特别白净的。听母亲讲，这是给新娘去掉脸上的汗毛，俗称“扯脸”，现在应该叫化新娘妆。这时，吊脚楼背后的山坡上传来一阵唢呐声，还有锣鼓鞭炮声，由远及近。有人喊：“娶亲的到哒！”堂姐突然哇的一声大哭起来，而且边哭边诉——

爹呀，妈呀，女儿今天要出嫁。

舍不得爹，舍不得妈，舍不得弟妹和全家。

这时堂姐的母亲也哭诉道——

儿大要分家，女大要出嫁。

爹妈也是没办法。

堂姐一听哭得更厉害了——

爹呀，妈呀，你们把我拉扯大。

我还没报答。

婶婶于是又哭诉道——

你从小懂事又听话。

跟着我们吃尽了苦，帮爹又帮妈。

……

就这样，堂姐一句、婶婶一句。一来一去，双方越哭越凶，母亲和亲戚也跟着抹眼泪。厢房里的哭声没停，楼下娶亲的队伍就没敢进屋。等到堂姐和婶婶哭累了，母亲就给堂姐仔仔细细地换上了新衣服。同时，娶亲和发亲的执事客一问一答，按土家族的婚俗和礼仪，迎亲的汉子们把堂姐的嫁妆一件一件地绑好，恭候堂姐下楼。在一阵阵哭哭啼啼中，在众亲人的陪伴下，堂姐离开了她熟悉的厢房，走出了她再亲不过的那栋吊脚楼。她的哭声被高亢的唢呐声淹没，她的身影随着迎亲的队伍，渐渐消失大山密林、白云深处。

长大后才知道，哭嫁，是土家族的传统婚嫁习俗。有人说土家族姑娘哭嫁是真真假假、虚虚实实，也就是说哭是假，乐是真。笔者却不这么认为。至少堂姐的哭是真的。她的哭声中有对父母养育之恩的念叨，有对骨肉之情的倾诉，有离家的不舍，也有对未知生活的无名恐惧……这是一种切身情感，这是那个年代的真实。

少了一些狭隘，就多了一些理解。

多年以后，笔者回到故乡，奢望从家乡的吊脚楼里唤醒自己的更多美好。但是，三处吊脚楼，被拆得只剩下西头笔者家那一部分；公社的吊脚楼早已不见了踪影；堂姐家的吊脚楼，也在前些年被拆迁，为国家建设做了贡献。他们、她们，还有它们，曾与笔者相伴，给予笔者童真、童趣，而笔者却无以回报。唏嘘之余，唯有将此永远留存记忆中，写在文字里，一行行，一排排，齐齐整整，明明白白。

“人生天地间，忽如远行客。”

阅尽人生千帆，初心始终不改。笔者相信，从那个年代走过的恩施土家人，心中都有属于自己的吊脚楼。或一栋，或一片……它的存在，是穿越历史时空的生息标记和文化符号，朦胧又清晰，匆忙却永恒。

老屋里 新屋里

少小离家，乡音不改。先辈文人的千古一叹，道出了他乡游子多少思乡情结！乡音是听得见的故土，记忆则是刻在骨子里的乡愁。

笔者的老家有两幢木柱青瓦的房子，一幢是吊脚楼，另一幢也是吊脚楼。鲁迅先生的《两颗枣树》，在笔者的记忆里变成了一旧一新的两幢土家吊脚楼。今天，老房子早已不见踪影，新房子也尽显岁月沧桑。但儿时的故事，其中的美好，却是常忆常新。

在笔者记事的时候，我家已经搬到新屋里了。听爸爸妈妈讲，笔者的奶奶很能干，她这一辈子最自豪的事情，就是组织修建了家里的这幢吊脚楼。奶奶是村里人都称道的当家女人，她像男人一样挑起家庭建设的重担，忙里忙外。爷爷则心甘情愿退出主导地位，听从奶奶的指挥。那时建房请帮工，之后是要“还工”的，于是爷爷就成了借工还工“专干”。20世纪50年代初，家里决定扒掉破旧的老吊脚楼，那年秋冬季，是全家人最忙碌的日子。奶奶请来村里有名的木匠、漆匠、瓦匠，从“发青山”（上山砍伐建房的木材）、排扇立屋、上梁架领，到钉椽上瓦、装板壁、安装“千子”（走廊围杆）、镇楼（地）板、砌阶沿，直到第二年春天，一幢崭新的“撮箕口”吊脚楼拔地而起，不知不觉中抹去了老房子的存在。也是这年春夏，爷爷的整个“工作”任务，就是给村里人“还工”。老人家起早贪黑地走东家奔西家，虽然疲惫，却总能看到他幸福的笑。

笔者家四爷爷是当地有名的土家族吊脚楼营造掌墨师，哥哥嫂嫂建房，请他当师傅是不二的选择。四爷爷自然也是格外用心，按照奶奶的要求设计，在保留原来几间老屋的基础上，将房子向左右延伸，然后依山就势在坡基上拐出起吊，形成了一幢左右对称的吊脚楼。“一屋两吊”，如坐地向前伸展双臂，恭迎亲朋乡邻。当地村民给它起了个再直白不过的名字——新屋里。

在新屋里出生、长大，它的一柱一枋、一椽一瓦，笔者是再熟悉不过的了。

新屋里吊脚楼成标准的撮箕口形状。正屋共五间，中间是堂屋，左右两边分别有一个火炕屋，火炕屋后面各带一间卧室，左右两边连着火炕屋的是一个大厨房，中间则是一间很大的堂屋，堂屋后面还有一间小耳房。与正屋垂直的延伸部分，是左右对称的吊脚楼厢房，各有两间，每间厢房再被隔成两个房间，左右两端前厢房分别有一间房用作客厅，厢房的第一间与正房紧紧相连着，第二间一面连着厢房，其余三面都是悬空而出，左右两边严格对称，形成一个形似土家人使用的一种农具，称“撮箕口”。厢房外面是走廊，由用木条做的一根根“千子”和护栏围成，走廊不宽，但可供两人相向行走。“千子”边的围栏有一米多高，护栏有雕花的柱子间隔。

土家族吊脚楼的“千子”用途很大，它不仅是走廊上的一道安全屏障，而且还是晾衣服、晒被子的最佳场地。特别是夏去秋来的日子，奶奶和妈妈就把红红的辣椒、绿绿的蔬菜、金黄的苞谷棒子挂在上面。寂静的山乡年复一年，新屋里的笔者一家三代，却有着五彩相映、红红火火的生活。

吊脚楼下面一层是猪舍、鸡笼和厕所，而吊脚楼最上面的一层，一般用于存放粮食和其他日常杂物，屋顶青瓦覆盖，屋脊有土家族特有的图案装饰，或铜钱状，或飞龙鱼鸟。屋角飞檐横空，柱榫严丝合缝，门窗雕花，上楼板下镇板，麻条石台阶与撮箕口中间的大院坝相连，两边梯形石级直通大路与田间。屋后密林掩映，屋前楠竹苍翠挺拔，微风轻拂，翠竹婆娑，飞檐入画，炊烟袅袅，美极了。

新屋里的温婉四季，伴笔者出生、长大，融入了笔者的灵魂深处。

鹤峰县中营镇柳家村——新屋里吊脚楼（黄澄/摄影）

晒在新屋里的中药材——厚朴

整旧如旧的保护（黄澄/摄影）

与笔者家“新屋里”相邻的是“老屋里”，是大集体时代公家修建的一幢吊脚楼。在笔者的记忆里，它由一排长长的横屋直接连着两头的吊脚楼，一共分为三层，因为是生产队所用，所以每个开间都很大，一层堂屋为大会议室，伴有一间儿童托管室，其他外房间为生产活动专用。二层与三层全部是“千子”围着房屋，长长的围廊不仅是笔者儿时捉迷藏玩耍的地方，更是村民们晾晒玉米、黄豆的好地方。春夏季节，村里的茶叶生产每到旺季，二三层的房间都用来加工红茶。秋收来临，生产队的玉米棒子便挂满了整幢吊脚楼。

老屋里吊脚楼，是笔者儿时的乐园，特别是采茶的季节里最为热闹。村里的孩子们在楼上闻着茶香，在“千子”上追赶嬉闹，转风车、推碾子、追牛儿、撵鸡仔，看见大人们一来，便一溜烟逃散……那时，女孩子喜欢跟着大人们采茶，男孩子们便爬到大茶树上摘茶苞，这种油茶树上生长出的果实清香扑鼻、又脆又甜，现在想起来，它的味道与水果莲雾很相似。

老屋里的四季，新屋里的日月，塞满了笔者快乐的童年时光。婚丧嫁娶的事村里常有，而笔者小时候最喜欢看的是人家娶新媳妇。记得笔者家隔壁小叔叔娶幺婶娘的时候路过老屋里吊脚楼下，一大帮小孩子们就在迎亲的队伍后面追着跑着，而且边追边喊：“新姑娘，你莫哭，转个弯弯儿就是你的屋。”抬嫁妆的听了哈哈笑，新娘就抿嘴偷笑。幺婶娘家是个大族，人多，很气派，送亲的队伍很长。送亲队伍中有三十几样大宗嫁妆，每一台柜子上都扎有花样，有铺盖、手绢、锅碗瓢盆等各种生活必需品，轿夫们抬着嫁妆一颤一颤的，年长的围观者就数着有几乘嫁妆。小孩子争先看恐后看新娘，跟着新娘到婆家，指望的就是新娘分发箱子里藏的各种瓜子糕饼。迎新进堂屋，执事客便大声颂唱：“一开天长地久，二开地久天长，三开荣华富贵，四开金玉满堂，两个托盘摆得清，一盘银来一盘金……”美好的祝愿伴着新娘走进新房。

故乡的茶叶远近闻名，也是当地的主要经济来源。每到三月季，新茶便可开采了，老屋里吊脚楼就热闹了起来。村民把茶叶采回交到生产队统一加工，几十台揉茶机通宵作业，老屋里前面的大院坝就是晒茶的场地，几十床用楠竹做的席子专门用来晾晒红茶，听大人们说，故乡的红茶还曾远销苏联呢。自从包产到户以后，老屋里就没那么热闹了，村民们采的茶叶都是卖给了走村串户的收茶人，统一送到茶叶加工厂。渐渐地，村里的年轻人要么读书后出去工作，要么外出务工，只留下了老人和孩子，当年欢歌笑语采茶的热闹场景已经远去。

山里的日子一年又一年随季节重复，老屋里吊脚楼在老去。20世纪80年代，老屋里吊脚楼被拆除，连一张照片都没有留下，只留下了我对它的满满记忆。

在笔者的记忆中，老屋里、新屋里就是魂牵梦绕的故乡。

爷爷奶奶早已老去，爸爸妈妈和笔者也先后走出故乡大山，扎根在外面的世界。故乡的新屋里吊脚楼，独自坚守在密林深处，任凭花开花谢。

离家的日子太久，故乡的新屋里吊脚楼总是让笔者牵挂。于是，每年笔者都会带上家人回到故乡，尽享故乡的静谧山水。有时，也会带上几位好友在新屋里住上数日。前年夏天，一位武汉的朋友应邀来到新屋里，在吊脚楼上一住就是十几天，他惊叹于这里的纯色之美，写下了由衷的感叹：

天然氧吧柳材景，
中国之中好养生。
弯弯水路画中行，

山奇水秀流云轻。
飞檐竹林交相映，
茶园飘香步步春。
森林之蜜百花幸，
野果常掀四季新。
天然溶洞锁秘闻，
姿容绝世土家村。
……

新屋里吊脚楼新旧相结合,加上原来旧的两间老屋,它已经走过了百年时光。久居城市的爸妈不舍新屋里,给吊脚楼换上既牢固又好看的琉璃瓦,平整了场坝,让新屋里风采依然。每隔一两个月,二老就要回新屋里小住几日。他们爱新屋里吊脚楼,还有邻里乡亲,更眷恋故乡纯净的天空、碧绿的山林、叮咚的山泉,还有那山野的轻风。

新屋里吊脚楼的生命力是顽强的,就如同这里绿水青山,充满着诱惑。外出打工的年轻人陆续回到村里,开始依托家乡绿色生态资源扎根创业,有的通过中蜂养殖,收获天然蜂蜜,然后通过扶贫网等电商平台外销全国乃至世界市场。有的农户因地制宜搞起了特色种植,增产增收,取得了较好的经济效益。还有的重拾茶叶生产加工,开展多元化的茶叶品牌开发。

"绿水青山就是金山银山。"故乡已经有越来越多的外出村民回来了,他们不断地将绿水青山的资源盘活,用勤劳和智慧建设美好家园。

站在国家"十四五"规划开局的起点,伴随着乡村振兴的脚步,相信在不久的将来,新屋里吊脚楼会与故乡的一幢幢吊脚楼一道,融入美丽乡村的新画卷。

吊脚楼里的红色故事

红色老区惊心动魄的革命故事，震撼着世人。瞻仰红色旧址，倾听革命故事，吾辈扪心感慨：革命胜利来之不易，后辈晚生务必珍惜；敬重先烈效忠国家，倾己之力回馈社会。

恩施市新塘乡属红色革命之乡，现有恩施县苏维埃政府旧址、上坝老街红军驻扎旧址、上坝区苏维埃政府旧址、横栏区苏维埃政府旧址、蚂蝗坝区苏维埃政府遗址、双河桥区苏维埃遗址、木栗园区苏维埃政府遗址、马鹿口遗址、红军桥等多处当年红军战斗生活过的遗址和当年苏维埃政府旧址。

睹物思人，瞻仰旧址，察看遗址，缅怀先烈，追思发生的革命故事，予人一种迫切的情怀。

笔者带着此种情怀走进双河红色老区，走在采风的路上。

恩施县苏维埃政府旧址，位于恩施市新塘乡双河社区上坝组。现在见到的旧址为三间正屋、两间厢房带一侧偏水房，呈钥匙头土家族吊脚楼建筑。看现场屋基，天井石板嵌得规范。仔细观察，老房子原为四合天井大屋场。正屋显旧，厢房有些破损。房屋柱头斑驳，板壁黑黄。据屋主黄子常的媳妇说，老屋四合天井遭土匪焚烧后只留下现在的房子。房子早就要修缮的，修屋的钱也有，但政府要求保护原状，就只好暂时住几年再说。

旧址旁边就是清末修建的栋栋吊脚楼，是以前的上坝老街。吊脚楼群占地 8 万平方米，为 T 字形街道，原老街拥有吊脚楼近 30 栋。现在仅有 10 栋保存完好，完整木构排扇，小青瓦覆盖屋顶，与周围山色搭配，相映成趣。

恩施市新塘乡双河上坝吊脚楼的新与旧（柯兴碧/摄影）

有的人家板壁新装，刷上桐油，显得整洁气派。

走进一人家，屋内干净，居室布置素雅。几户人家共用置放杂物的天井柱础雕刻精美，凸显当年建造的技艺和主人家雄厚的财力。

老街地势开阔，四周山峰一座连着一座。山峰古木参天，溢出青绿，让人想象几万人马藏于山中，似入无人之境。当时，这里是恩施市至鹤峰盐道必经之地，是恩施市、宣恩县、鹤峰县三县市交界处政治、经济、文化、交通中心。

1933年初春，贺龙率领红军到湘鄂西，发展苏区，建立苏维埃，组织游击武装，发动群众打土豪分田地，实行土地革命。同年2月，红三军七师在师长叶光吉、政委盛联钧的率领下，在新塘打败地方团防傅卫风、冯玉墀的民团，为建立恩施县苏维埃政府扫清了障碍，创造了条件。同年5月，在红军代表郭延卿、余绍权的组织下，恩施县苏维埃政府在黄敬堂（黄子常之父）家成立。张家政任主席，康先成任副主席，唐方善任秘书长，并设有事务长、土地委员、游击大队长各职。红军代表陈振文、吴常逢两位同志指导工作。

恩施县苏维埃政府旧址（柯兴碧/摄影）

据黄子常的媳妇回忆他父亲讲给她的故事，当时恩施县苏维埃政府在她家堂屋办公。堂屋中间摆着长长的办公桌，两边放着几条高板凳，红军代表、县苏维埃成员、区乡苏维埃主席来这里议事、开会都随意地围坐在一起。喝的茶是小梨树叶，吃的饭是苞谷面拌萝卜菜。其间，贺龙两次到恩施县苏维埃政府，与关向应同住正屋右间。政委关向应一向心思缜密，说话亲热，话语掷地有声。贺龙军长面相威严，常抽着旱烟，对苏区的同志和农民见面热情招呼，每次来都在火堂里跟同志们开会，布置红军整训、打仗和土地革命的事。晚上，贺龙军长和关向应政委常在桐油灯密谈到深夜。

贺龙军长每来一次，恩施东乡就要发生一次红军、游击大队攻打民团武装或国民党军队的战斗。读书人称贺军长是运筹于斗室之中，决胜于百里之外，如徐家垭口伏击战、庄巴洞围歼战等。

徐家垭口伏击战发生在1933年5月。一天，宣恩县团防总指挥唐协臣纠集恩施、宣恩边界的团防傅卫风、冯玉墀等千余人，围攻木栗园区苏维埃政府和游击队。红军指挥员邱可福、段兴章率领几百人埋伏在前沿阵地，恩施县苏维埃政府副主席康先成率领几路游击队和自卫队扼守在进木栗园的必经之路——新田徐家垭口。垭口两边是山，中间是一个长槽，适合打伏击。当敌人的先头部队进入伏击圈后，手榴弹齐刷刷扔向敌群，步枪火铳一齐开火，两位司号员齐吹冲锋号，红军和游击队、自卫队扑向敌人大砍大杀。这场战斗歼敌 100 多人，缴获数十支枪，打退了敌人的围攻。

1933 年 5 月下旬，贺龙军长到恩施县苏维埃政府驻地后，听恩施县苏维埃政府领导汇报：新塘山花嘴有一伙"铲共"分队 40 多人占据山花嘴悬崖上的庄巴洞，经常骚扰苏区，暗杀乡苏维埃干部和游击队员，欺凌他们的家属，无恶不作。贺龙军长决定拔掉这个顽敌据点。由红土苏区的几个乡苏维埃组织游击队员 100 多人，围歼庄巴洞顽敌。

庄巴洞地势险要，易守难攻，只能智取。游击队组成三个组：炮轰组、佯攻组、尖刀组。这一天，炮轰组支起土大炮不停地向庄巴洞洞口炮轰；佯攻组从西边向庄巴洞射击、呐喊，吸引敌人火力；尖刀组由射手邓代茂，爬山能手程奉德、谭飞山带领另外 5 人，悄悄从东面攀树枝，扣石缝，搭人梯，爬上绝壁到达庄巴洞洞口，快速将炸药包、石灰包一齐向洞里扔去，霎时洞内爆炸声震天，浓烟滚滚，石灰沫铺天盖地，呛得敌人闭着眼乱窜。邓代茂几人集中扫射，打死洞口机枪手，又夺过机枪向洞内扫射。"铲共"分队头目向美轩等 20 多人被当场击毙，剩下的群敌无首，一片混乱。邓代茂等人大喊缴枪不杀，敌人走投无路，只好放下武器缴械投降。庄巴洞战斗歼敌 40 多人，缴枪 40 余支，还缴获了一批炸药、粮食等物资。

上坝老街，红军曾在这里驻扎近两个月。那段时间，白天，红军战士帮农民春耕播种，教妇女们唱革命歌曲，办夜校组织农民识字、宣讲革命道理；晚上，在逃跑的地主家中的地板上铺上苞谷杆、稻草，打地铺睡，从不侵扰百姓。苏维埃政府干部组织农民分田地，钉桩划界，农民们革命热情高潮。苏维埃政府组织老街的妇女们将收缴土豪的 40 匹洋布手工做成衣服送给驻扎的红军；组织老街及周边的男人们将各地上缴的 30000 多斤粮食挑送到鹤峰麻水红军军部。

苏维埃政府骨干、游击队队长康先成，家住木栗园。他曾居住的房屋几经易主，现已难看到原貌。据老人们回忆，他牺牲时的壮烈场面可歌可泣。

康先成曾住在木栗园上台的一字形木构房屋里，旁边有一偏屋喂养牲畜。他膀大腰圆，身强体壮，是做活的好把式。可在那个年代，交租纳税，剥削重重，食不果腹。1930 年，红军在这一带活动，播撒的革命种子在他的心里就已经发芽。之后，红军转移，跟着共产党闹革命的想法深埋在他的心里。1933 年，贺龙率领的红三军再次回到恩鹤一带创立苏区，开展土地革命。康先成积极行动，组织贫苦农民打土豪分田地。他积极勇敢，受到群众的拥护和红军的信任。1933 年 4 月，木栗园区苏维埃政府成立时，他被选为主席。1933 年 5 月，恩施县苏维埃政府成立时，他被选为副主席。他日以继夜带领贫苦农民打击土豪劣绅，开展土地革命，发动群众缝军衣、挑军粮支援前线。贫苦农民称赞他，敌人骨子里恨死他。

1933 年 7 月下旬，红军转移，康先成被留下来打游击。8 月的一天，康先成趁着暮色回家探望家人，被团防的探子发现。探子将情况报告给团总傅卫风。傅卫风派出团防武装趁着雨夜包围了康先成的家。天微亮，康先成察觉房屋周围有响动，立马穿上衣裳，捡起杆子(梭镖样式)，跳进堂屋，手撑杆子，脚蹬板壁，一个翻身攀上堂屋的明楼，轻轻揭开几片瓦片，瞄到屋前坝子有好多团丁，有的端着枪，有的拄着杆子，眼死死盯着屋。康先成用脚蹬开一匹椽皮，准备从屋脊突围，殊不知蹬椽皮时瓦片滑落惊动了围攻的团丁，团丁们一齐向屋顶乱射。正当康先成半个身子钻出屋顶时，一颗子弹射进他腹部。康先成一边抓起瓦片还击，一边扯下头巾将露出的肠子塞回腹中后用头巾缠在腰间裹紧伤口。团丁头目叫喊着要他投降,他大声回答:“要死的有一个,要活的没得!”团丁们见劝降没有希望,一阵乱枪射杀,康先成壮烈牺牲。

蚂蝗坝区苏维埃政府遗址位于恩施市新塘乡河溪村覃值堂家。原来的老屋早已拆掉,察看旧址,原来的房屋宽敞,属撮箕口吊脚楼。现在原址重建的房屋占地520平方米,呈撮箕口式,比原来的房屋要大。原来屋前的堰塘和屋后的水井保留原状。水井边青石板光亮平滑,阳光下能照人影;井水常年不干,清冽干甜。

蚂蝗坝区苏维埃政府于1933年3月成立。首任主席钟兴涵,后任主席钟兴嘉,副主席王德明、肖文明,委员冯世烈、龙洪尹、张明登,文书王伯福。区苏维埃政府下辖蚂蝗坝、胆大湖、小溪坪三个乡苏维埃政府。蚂蝗坝区苏维埃政府成立了区游击队。游击队队长、副队长由区苏维埃委员冯世烈、龙洪尹兼任,下辖2个乡游击队。

年长的老人们回忆他们父辈讲述的故事。1933—1934年是河溪、木栗园这一带土地革命最活跃时期。苏维埃政府干部带领贫苦农民打土豪分田地,地主豪绅有钱有势的逃到施南府,一般的都逃到新塘、沙地等团防衙门。红军战士走家串户宣传革命,打富济贫。至今,红军曾在覃值堂家(蚂蝗坝区苏维埃政府驻地)的板壁上用墨水画介绍红军活动的壁画仍珍藏在恩施市文物管理所。

土地革命时期,蚂蝗坝曾出现冯仕烈一家人当红军、闹革命的壮举。冯仕烈,1930年春参加红四军游击队。在他的动员下,其父冯志美、其母张春香、大弟冯仕军、二弟冯仕略、姑父单远福以及年仅9岁的幺妹冯小妹,全都加入红四军恩宣鹤边防司令王殿安的队伍,随红军转移。在敌人的围剿中,冯志美、冯仕军、冯仕略牺牲。张春香、冯小妹、单远福和红军走散,流落湖南津市,之后历尽艰辛才辗转回到蚂蝗坝。1933年春,贺龙率领已改编的红三军再次来到恩鹤一带闹革命时,冯仕烈任蚂蝗坝区苏维埃政府主席、游击队长。在红军转移后的1934年春天,新塘反动团防武装围攻蚂蝗坝,冯仕烈在突围时陷进一丘水田里,被团丁用梭镖戳死。冯仕烈的爷爷冯云安躲藏在一个山洞中,被搜山的团丁发现后推下山崖摔死。冯仕烈的叔叔冯志周因隐藏一支红军留下的步枪,被团丁抄家发现,打成残废,致其含恨而死。冯仕烈全家追随红军闹革命,老少三代先后有五人牺牲,当地人尊称他们为“红军一家人”。

还有横栏区苏维埃政府旧址。横栏区苏维埃政府是1933年4月成立的,设在横栏溪廖建堂家,成员包括区苏维埃政府主席汪子敬,副主席周理龙、杨晓田,委员李毕成、范志松、孙庆安、田良辉、马国柱、田春培、张久席。下辖横栏、甘坪两个乡苏维埃政府。当年,廖建堂家三间正屋,正屋两头建三间吊脚楼厢房,呈撮箕口,坐北朝南。1949年后,这里曾开办过学校。可惜的是现已改建成现代民居。

双河桥区苏维埃政府遗址位于双河烟草站对面原陈大星家。双河桥区苏维埃政府1933年4月成立,杨子浩、史自谦任主席,杨子渊、许大吉任委员,下辖车营、麻山、龙桥溪三个乡苏维埃政府。当时陈大星家四合天井,院坝内用青石板铺成,四合天井外围用石头砌成围墙。现已改建成现代民居,仅存三石朝门。

综观老区红色旧址,回顾老区红色遗址,其共同之处,都是木构吊脚楼且楼高场宽。究其原因,一是恩鹤一带,大山深处,林茂树大,适应吊脚楼修造。二是苏维埃政权是穷人的政权,是在打土豪的基础上建立的政权。查看县、区、乡苏维埃政府成员组成,有“土地委员”专职,有的还设了两名,可见,土地革命是当时苏维埃政权工作的重点。

老区的长者回忆叙说,记忆线条不那么清晰,故事零散也不那么连贯,笔者只能在脑中描绘那壮观的革命场景,从心里敬仰那些革命战争中的英雄。

新塘红色老区的革命史诗,木栗园的“红军英雄纪念碑”、蚂蝗坝区苏维埃政府遗址的“革命之家纪念碑”可以作证!

把根留住

1

适逢五月,春与夏正忙着交班。春要花的颜色,夏要绿的盛景,一时间的争先恐后,涌现出的不少新鲜色彩,让人应接不暇,让人感受到精神的丰盈。笔者把自己放逐在公园里,倾听五月的心声。

立夏的第一个周末,阳光正好,生机勃发。朋友约笔者到山里看书去,他说的这个“书”,是指土家族吊脚楼,它是土家族的古籍珍藏。

去哪儿看?他说不远,就在“仙山贡水,浪漫宣恩”。呵呵,广告词儿。

五月的宣恩高罗,虽已不是花开的盛世,但山中花色仍不绝于目。在穿镇而过的龙河旁,一排整整齐齐的土家族吊脚楼如列队静立,有一种特别的仪式感。

宣恩高罗吊脚楼群——歌乐驿站

站在高罗镇游客接待中心的广场上看,东面是龙河新村,高楼上有一句醒目的话:“世界再大,根在高罗”;南面是悄然而立随风飘摆的垂柳,像极了一个个刚刚沐浴的窈窕淑女,头发肆意的飞洒着,似乎天空都闻得到她们身上的香味。再往深处望去,是一排排桂花树,绿影里是隐隐可见吊脚楼的黛顶陈木,错落有致地向左右蔓延,一幅天然的古寨山居画轴。

初见是河,是绕镇的龙河,是与吊脚楼同行的龙河。

龙河拦住了笔者。龙河有6米多宽,水清得像一块明晃晃的镜子,倒映着红花绿树;河底里还铺满了赤橙黄绿的小卵石,似一河的翡翠玛瑙。更绝的是,在一根高大粗壮、树冠盖河的麻柳树下,在一房子大的巨石旁,两个小孩赤条条地畅快游着,若鱼;一个站在巨石上,翘着光屁股，手舞足蹈，水中两个看不惯他的得意行为，拍水而击，于是水战开始了，欢乐开始了，河水歌唱了。

七八只小鸟见此情此景，按捺不住了，扑翅水中，兴高采烈地在水面舞蹈着。这才是舞蹈呀：那轻捷顽皮的点水，那扑翅水中的写意，那贴着水面扇动的优美，那从水中腾起的回眸，使人感叹，它们似乎不仅是“舞者”，更像一群交响乐团的指挥家，忘情地投入地指挥着一台山水合奏的音乐会。

举目远眺，水面荡起欢快的涟漪，山中鸟语清脆如歌，伴着跳跃的阳光，伴着人们跳跃的心，也在追逐，也在嬉戏，也在舞蹈。

愈是自然的东西，就愈是属于生命的本质；愈接近本质，愈能牵动人们的至深情感。还有什么时刻，比那些对生命的体验最强烈、最鲜明的时刻更幸福呢？

龙河河畔

2

过龙河石桥，好像掀开了门帘，能清晰地见到久违的吊脚楼了，仿佛一脚踏进了民俗写意画里了，飞檐青瓦在山水的陪伴下尽显韵味，目光所及皆为惊艳。这里让人想起了木刻，那是另一种力量。它确如木简，它确如雕版，它确如卷轴。

它褪去了色彩的迷惑，让视觉替代了触觉，你可以感受到山岭的粗糙，岁月的细腻，树木的筋骨，年轮的史记。

龙河边的吊脚楼群——宣恩高罗

好多吊脚楼哟，是一条街呀！一栋栋那么亭亭玉立地在天地间站着，比美吗？

这条民族风情街有一个诗意的名字，叫歌乐驿站。它由 11 栋不同风格的吊脚楼组成。它们沿龙河呈一字形整齐排列。除一幢撮箕口吊脚楼占地面积较大外(约 200 平方米)，其他每栋占地面积 100 多平方米，均为四扇五柱三间、上下两层木质榫卯结构，上楼下镇，冠以青瓦，每一栋内部均有两部木质楼梯，第一层左边是西厢房，右边是东厢房，中间是堂屋，第二层中间架空至房梁屋顶，左右又分东西厢房，由楼镇板和干栏相连通，是典型的武陵山区干栏式吊脚楼建筑。

吊脚楼前后支撑有两根屋檐柱，两根间柱，中间有一根中柱最长，直通屋脊。前后伸出的屋檐由横空的挑枋托举，干栏挑枋下的悬空柱样式各异，有伞把柱、柚子柱等，排扇柱枋纵横交错，形成大大小小的通风方口。每间房子的窗户上组成的格子花纹也各有不同，但都极为对称。虽整个吊脚楼群外观没有多大差别，但内部结构各有不同，韵味各异。

歌乐驿站临河而立，它和对面的龙河风雨桥相望相守，与高罗集镇钢筋水泥现代建筑争奇斗艳。

奇的是吊脚楼前，龙河之上，沿街还有一条小溪。它是一条掩映在三角枫、檵木中的小溪，一条似乎流淌在绿地毯上的小溪，一条卵石小径陪伴的小溪。

这条小溪来自街尽头的洞，是泉水，掬手可饮，甘冽清甜，一小池水面，流水的声响，勾起人们许多思念。有泉水的地方，就有绿水青山的故事；有泉水流过的街面又会有多少故事呢？

歌乐驿站 11 栋吊脚楼沿龙河一字排开

走在溪间的卵石小径上，仿佛走在回家的路上。这种路总是带着怀旧的风情。在这自然里，在这古寨中，乡情、恋情、人情就那么酣畅淋漓地洋溢着，包裹着人们。

歌乐驿站的 11 栋吊脚楼，其年龄都在百岁以上，它们原散落于高罗镇的深山峡谷。“十三五”期间，国家扶贫帮困工程实施过程中，这些吊脚楼的主人可以分到易地搬迁政策性新房，按规定，必须拆掉原来的旧房，也就是这些吊脚楼。高罗镇针对这里的特殊情况，决定将其整体收购，集中搬迁至镇上保护起来，才有了歌乐驿站吊脚楼群。

这真是一个可圈可点的构想，让原汁原味的吊脚楼从危亡走向新生，让新生的吊脚楼去吸引人们茫然无措的慌乱步履，让土家族的民族元素晕染在天地之间，让无法回家的人有一个心依之地。

一座座老屋就是人们心灵的港湾呀……

3

笔者发现，随着长时间的侵蚀，不少木屋又开始有了新伤。有的瓦片破损，有的椽条糟皴，有的柱榫腐烂，有的木板在败裂，整个一副“皮开肉绽”的样子。它痛我也痛呀！

就在笔者伤感操心时，旁边院中有一位女士正在指挥着工匠们整漏。

于是我们就聊开了。

笔者说，这屋又伤痕累累了。她说：“是嘛，怪叫人心疼的。都是漏雨引起的。镇政府正在组织工人重新盖瓦。这次整得很彻底,在椽上钉横木条,在横木条上挂防滑钢丝网,在防滑钢丝网上铺防水胶,再用混凝土将瓦垛上去。这雨把屋漏疼了,更把人漏疼了。这次是扎扎实实整,下死手地整。镇政府还要对每间房屋、每扇门窗、每块木板、每根柱子、每个榫头进行维护。"

听了这话,笔者陡然有种无娘儿有了母亲的感觉。

她说:"这群吊脚楼来到镇上已四年了。四年里叫好声一片,没有人不说好的。哪个不希望家乡美呀,你说是不是。但它们来了,不能没人管呀,不能孤零零地任凭风吹雨打呀。镇上也招商引资过,外面也来了不少客商,但客商来了就走了,他们要那种立竿见影的项目,他们耐不住这个寂寞,更不可能把钱放在吊脚楼上。"

这位中年女子声音似水,不急不缓,淙淙荡来。人呢,瘦得利索,柔得流畅,烈日之下,没戴帽,不举伞,着一袭浅黄长裙,随意得若泥土。

笔者问:"你耐得住这个寂寞吗?"她说:"这是我的家乡,我能谈寂寞不寂寞吗?我能谈赚钱不赚钱吗?跟你说,我没得选择,是那种女儿对母亲的感觉。别以为我矫情,告诉你,我就想家乡美。街上有点垃圾我都要捡起来,我走到哪里就要把花种到哪里,我对家乡有种偏执的爱,改不了,也不会改。"

她说,年初,她受高罗商会之邀,义无反顾地加入了歌乐驿站保护与开发者行列。她说,镇政府维修后就要交给他们了,实感任重道远。

总有一片深深的念,郁郁葱葱;总有一份刻骨的情,痴心不改。

这位女士叫小乐,名字和人一样很有喜感。看似一弱女子,却是下海创业,独闯天涯,苦恋故土,永葆初心的女中一杰。

她在吊脚楼里长大。

她的家在板寮,在镇的北面。

那儿一直被称为宣恩的"小凤凰",那儿曾是百年"巴盐古道"上的一个繁华古镇,那儿留下了李白的音容笑貌和许许多多美丽的传奇,那是一条每个门缝里都有故事的老街。

古街依山而建,一条青石板路横穿其中,岁月的磨砺使小街更显古朴幽静。两旁的大红灯笼、花格木窗以及被重新漆过的木板壁,让老街的形象变得立体而生动。许多人家房前屋后的空地现已逐渐装扮成了私家花园,在这里,绣球花、栀子花、三角梅争奇斗艳,香味溢满了整条老街。

连接山外的"巴盐古道"却是白色石板路,在山上、山下、山中若哈达飘舞,老百姓取了一个连诗人都想不到的名字:白蛇绕殿。这个"殿"是指山,还是指街呢?是不是指板寮,指高罗,指家乡,指心中的圣殿,繁华的过往呀?

踏在掩映在青草丛中的白石板上,是一种消失的感觉,是一种羞愧,是一种久违之后的哀叹。

小乐可不是这样想。在她眼里,这里始终是骡马萧萧,商贾云集。这里不会萧条,她不允许它萧条。

这里空气多好呀,甜甜的、爽爽的,如果能打包的话,全世界的人会来抢;这里水多好呀,绿莹莹的岩壁上,金闪闪的山洞里,流的全是泉水,全是"长寿之水"。听听那声音,像钢琴曲一般,在空旷幽静的山谷里演奏得多么荡击人心呀。

小乐从某国企辞职了,她要南下挣钱,她要挣钱了反哺家乡。

家乡实在太美了，抚慰了她少年的心碎与纯情，使得她在无所顾忌的年纪尽兴过，使得她在该严肃的年纪童心仍在。她要用完好如初的自己去建设完好如初的家乡，这就是她在“巴盐古道”上萌生的一个小理想。

她是2014年从南方回来的。她有了钱，挣了不少钱，但她没有迷失在他乡，她回来了，她真的回到了家乡，无数个人说她有病，只有她自己知道没病。她一口气租赁了50多亩地，植白柚树，种火龙果，摆弄辛辛苦苦的农业项目。年初，又加入了歌乐驿站保护开发者行列，尽管不知何时才有回报。

在她心中，歌乐驿站是一条民族风情街，这街上有高罗最地道的泡菜，最入味的腌菜，最霸气的咸菜，最难忘的粑粑，最焦脆的油香，最青绿的蔬菜，最原始的食材，最浓郁的乡愁……她还想在街对面的山上修栈道，一步建一个风景；在街尽头的泉洞口建亭台楼阁，让它成为高端养老的好去处。她想呀，把歌乐驿站打造成最具民族特色的婚礼圣地，让湘、鄂、渝边区的情侣在此留下浪漫的记忆。她更想重现“巴盐古道”的辉煌。那树影参差、鸭鹅游弋的龙河旁，应是客商数万、商号数千、大小街巷数百、人声鼎沸的巨镇。

沿龙河，众人打牌的茶摊、卖服装的衣摊、小吃摊、补鞋摊、玩具摊以及天南海北饮食餐馆，还有木匠、篾匠、银匠、雕匠等天底下最好的“九老十八匠”，都汇集在这里，把高罗堵得个严严实实，水泄不通，让这里的烟火味馋死天下人。那是“烟柳画桥，风帘翠幕，参差十万人家”的画面呀！

这就是小乐心中不死的梦，这就是小乐心中家乡的《清明上河图》。

龙河河畔的吊脚楼一角

4

歌乐驿站的保护与开发不得不提另外一个人——郝杰。他是高罗镇商界的领军人物之一。

他说,政府找到他时,他确实犹豫过。他推测,政府在找他之前,一定找过很多人,很多能人,很多有钱人,很多天南海北的弄潮人,他们肯定都推辞了。他也可以推辞,他有无数个理由可以推辞,并且可以推得漂漂亮亮,但他没有,推了就不是郝杰。

他说:"客商可以挑剔,我能挑剔吗?我郝杰能一走了之吗?我郝杰生于斯,长于斯,成于斯,若一群吊脚楼都保护不好,那就是丑于斯,败于斯,于情于理说不过去。人不能只晓得赚钱,还有比赚钱更重要的是担当。"

于是他就联系了四个土生土长的高罗人应诺了这个事,应诺了这个既要出力又要出钱的事。

难怪他能被评为"中国好人"。

"中国好人"何等金贵的荣誉,它是中央文明办2021年初授予郝杰的国家级光荣称号。世间有几人能配,但郝杰当之无愧。

他不是"网红",也不是自带流量的明星,更不是露头露脸的权威人士,他就是大山深处一个农民,可网络投票他一路高歌猛进,一路高居榜首。

至2021年52岁的郝杰是出了名的热心肠,他有着多重身份:他开宾馆,他办餐饮,是高罗镇商会会长,还是高罗镇公益顺风车志愿服务队队长。不同的身份,一样的担当;不同的身份,一个名字——土家好儿郎。

2020年1月,高罗镇出现一例输入型无症状新冠肺炎确诊患者,有20余名密切接触对象需要紧急集中医学隔离。郝杰主动站了出来,将自家宾馆改造为隔离点。劝说家人都借住到表弟家中,他自己临时居住于对面林站办公楼会议室,并迅速将宾馆整栋楼全部腾空,按照集中医学隔离观察点建设标准,将五层楼24间客房全部进行改造优化。

当时宾馆人手不够,郝杰既当厨师,又做服务员,与两名工人同心协力,为医学观察点、高罗镇卫生院发热门诊留院观察人员及部分卡点人员每天提供三餐共计160多份盒饭。

他每天全副武装,对厨房、通道及公共卫生间进行多次消毒处理,这样一干就是30多天。

疫情期间,作为高罗镇商会会长,他还组织带领60余名商会志愿者、400余名公益顺风车车主投身疫情防控一线,参与防疫值守,为群众代购生活物资,帮忙转运防疫物资。还筹措了近2万元的口罩费用,为13户贫困户认购销售鸡蛋13000枚,主动对接广东徐闻县志愿服务小组爱心人士捐赠的果蔬168吨,驰援恩施、利川、宣恩三地,募集运输费用6万元。同时,还带领高罗镇商会协助镇政府为12家民营企业第一时间复工复产提供帮助。以商招商,当好"店小二"。

经历疫情"大考"后,郝杰认真总结了疫情防控志愿服务经验,将公益顺风车志愿服务队逐渐发展成为一支具有社会救援、敬老爱幼、扶贫济困等多功能的公益团队,并积极参与爱心送考、防汛救援物资运输、筹款捐物等公益活动,确保"战时管用、平时有用"。2020年6月,这支队伍被恩施州委文明办评为"优秀志愿服务团队"。他尊老爱幼,为高罗镇"四点半学堂"留守儿童募捐图书3384册。

据不完全统计,近年来,郝杰带领商会参与社会公益志愿服务活动180余次,动员社会力量累计筹集善款60余万元,为300余人解决了急难愁盼。他的"战疫""战贫"事迹被《湖北日报》等主流媒体相继报道，2020年底，他被宣恩县委文明委表彰为“出彩宣恩人”。

这就是郝杰，这就是“中国好人”。

郝杰敦厚壮实，平头浓眉，一圈络腮胡若画的沟边，恰到好处地衬托出那张刚毅沉静的脸，一副西部牛仔的风范，一身行侠仗义的豪迈。

如果世上没有郝杰这样的人存在，我们会感觉非常荒凉、冰冷。因为他们的坚守，你远行似乎无忧，你归航仿佛就有了灯塔。他们初心如此，始终不改，执着地用自己的心去守护家乡的美。这种美的传承又筑起了一栋吊脚楼，一栋临危不惧、有难敢当、扶贫济困、乐善好施、美丽家乡、与绿水青山相依相伴不离不弃的精神之楼，树立起一座“中国好人”的灵魂之碑。

人间本多情，我们若星光，彼此照耀，彼此成全，踏着月光的温馨，迎着太阳前行。

伟大也罢，平凡也好，内核是寻得内心的安宁与生命的真谛。路过岁月的无情，我们多情地活着。

童安格有一首老歌，那是打动了一代人的歌，年纪大一点的人都会唱，叫《把根留住》：多少脸孔/茫然随波逐流/他们在追寻什么/为了生活/人们四处奔波/却在命运中交错……一年过了一年/啊，一生只为这一天/让血脉再相连/擦干心中的血和泪痕/留住我们的根……

童安格，台湾歌手，就凭这首歌，1992年，他获得“中国十大受欢迎歌手奖”。他说，来者落地生根，去者落叶归根，谁都会有根意识。一个断根的人一定是很恐慌的。中国的土地有黄金万两，只要好好耕耘，就会色彩缤纷，就会硕果累累。

郝杰是有根的，小乐是有根的，还有很多很多寻根的人在路上。

生态文明建设之路才刚刚扬帆起航。

声势浩大、波澜壮阔的乡村振兴是五大主题的振兴，其中一个就是乡村生态振兴。所以好的乡村设计，一定要先懂得乡村，完成与乡村生命的感应，然后才能复活乡村，活化乡村，这样的乡村设计与乡村振兴，才担当得起乡村振兴的使命。

恩施乡村生逢其时。

百年土家族吊脚楼，今朝风景正好。

又见归岫庄

归岫庄，这“岫”字读作“xiù”，本意是指山穴、山洞，其实在文言文中多指山峰。比如，东晋诗人陶渊明在《归去来兮辞·并序》中写下的“云无心以出岫，鸟倦飞而知还”，就是“白云自然而然地从山峰飘浮而出，倦飞的小鸟也知道飞回巢中”之意。

归岫庄是经历过拆旧翻新后的土家族吊脚楼。它藏在鹤峰县走马镇芭蕉村的深山里，背倚入云的山峰，屋前溪水潺潺，“春有百花秋有月，夏有凉风冬有雪”。开窗见远岫，归隐度岁年。归岫庄朝抚白云，晚揽霞归，迎风安雨；拒酷暑，暖冬寒，容得下喧嚣，耐得住寂寞。它的名字隐隐约约告诉你，这里的一年四季，都是最美的时节。

从走马镇去归岫庄，乡村公路串着两地。那面山，这面坡，中间隔着芭蕉河。驱车一下一上，蜿蜒的公路如乡间少女迎风摆动的杨柳腰，让人跟在后面肆意放飞思绪。两旁连绵的茶园，则是想方设法惹人移情别恋。痴情于茶山碧水，眷恋着点缀其间的一幢幢吊脚楼，不觉长路行已远。来不及沉醉，归岫庄就笑盈盈地在眼前招手了。

密林深处归岫庄——鹤峰县走马镇芭蕉村

准确来说，归岫庄是一个小小的吊脚楼群，正屋和横屋都是两层，形成曲尺形，二层为土家民宿客房，一层为主人居家的厢房、堂屋、厨房和火炕屋。接着就是一栋与正屋平行的吊脚楼，楼上有客房、茶室、休闲娱乐间等，楼下为粮油柴火储藏间和土法酿酒肆。出吊脚楼往屋后走几步，便是一个六角凉亭，青灰瓦，翘屋檐，上有枋椽，下有长条凳，不用一颗钉子，清一色柱榫相接，紧密合缝，使整个亭子浑然一体，屹立于吊脚楼的身后，守候着归岫庄的春夏秋冬。干栏，土家人称之为“千子”，是吊脚楼的标配。然而归岫庄的“千子”，却是正屋、横屋、吊脚楼都有，它就像系在房子腰间的一根根漂亮玉带，质朴自然；又像是一道道防护墙，给人安全感。阳光明媚时，“千子”也是晾晒衣被的不二选择，即使是阴雨天，“千子”也不会闲着，什么红辣椒、白大蒜、南瓜片、萝卜干、茄子干、干豆角等农家日常食物藏品，或红或紫，或白或绿，一串一串被挂在这“玉带”上，如各色玉坠，既打扮了屋子的模样，又串起了四季美食。

登高则踱亭临风，夜宿可凭栏观月。它让每一位来到归岫庄的人，能静心品读土家族吊脚楼的神韵。

重建的归岫庄吊脚楼主楼

归岫庄的前身只有小小的横屋三间，建于20世纪40年代，主人姓徐。到了20世纪70年代，徐家的儿子徐嘎叔娶了于幺，先后生下一双儿女，便加了四扇三大间正屋，形成了一正一横曲尺形的土家族吊脚楼。由于不通公路，徐家的房子虽大，却藏在了深山，一家人看似过着“桑麻鸡犬，别成世界”的世外桃源生活，实则被大山牢牢困住了手脚。孩子们到了上学的年龄，最近的学校在20千米外的走马镇。那时孩子们上学全靠背着一星期的粮食，寄宿在学校。吃尽了大山苦头的两个孩子，在勉强读完中学后，双双先后离家前往南方打工，傲立山中的吊脚楼一下子变得空旷孤寂。多年以后，在旅游行业打拼的儿女，分别在广州、深圳成家立业，生意做得有声有色。他们也曾一次次把徐嘎叔夫妇接到南方居住，然而，习惯了深山吊脚楼生活的二老，眷恋着山野和坡上坎下的邻里乡情，从不为城市的繁华所动。他们在儿女家待不了多长时间，就能说出一大堆要回家的理由，整天唠叨不停。儿女们拗不过，只得一次次把二老接来都市家中，又一次次把他们送回山中的吊脚楼里。

山里的树越长越密，人却越来越少。没有了烟火气的吊脚楼，显得古旧苍老。特别是建得最早的横屋，已经近八十年了，瓦片破损，椽条糟皴，柱榫腐烂，板壁缝隙裂开，整个一副垂垂老矣的样子。看到这样的情形，徐嘎叔和于幺特别伤感。二老一商量，再不去南方了，无论儿女在电话那头怎么劝,徐嘎叔说打死也不去。老头儿倔得很,他要守住这吊脚楼。但是,孩子们不回来,仅凭两位年近七旬的老人,又能守多久呢?

有人说,到不了的是远方,回不去的是故乡,然而徐嘎叔和于幺回来了。生在大山,长在大山,故乡是根,吊脚楼是魂。从苦难中走过来的土家人,外面的世界再美好,都不及自己的家乡。不到万不得已,他们绝不会遗弃与自己朝夕相伴的吊脚楼。

徐嘎叔聪明,从小跟随师父走村串户,学得一手木匠绝活,是鹤峰有名的土家族吊脚楼营造掌墨师。经他掌墨管总修建的吊脚楼,既有古老的传承,也有适应现代审美的创新。他带出的徒弟,也是身手不凡。因此,他被县里列为土家族吊脚楼营造技艺非物质文化传承人。进入新世纪,土家族吊脚楼逐渐被钢筋混凝土结构的现代建筑取代,徐嘎叔也渐渐失去了用武之地。像他这样的掌墨师,对吊脚楼有着刻骨的感情,左邻右舍纷纷拆掉吊脚楼,建起了小洋房,他一点儿也不羡慕。儿女曾多次劝他拆了旧木屋翻建水泥砖房,老人家就是不同意。后来,做旅游的女儿读懂了父亲的心思,说,那我们新修吊脚楼吧。老人家高兴得满口答应:“要得,要得!”

老人家的女儿名叫于新玉,在广州经营一家旅游公司。多年的行业经验告诉她,国家扶贫帮困、振兴乡村工程的实施,这是千载难逢的机遇。公路修到了家门口,从此家乡的山不再高,路不再远。她在家乡重修土家族吊脚楼,以特色民居的标准建造,既打通了广州与自己家乡的乡村旅游通道,又了却了父母亲的心愿,还能带动周边农户参与其中,可谓一举多得。

2016 年春天,徐嘎叔选定“伐青山”(土家族吊脚楼营造术语,意为开工)的日子,自己亲任掌墨师,与老伴于幺一道,开始拆旧造新行动。除了重体力活需要请乡里乡亲帮忙,其他的事尽量自己做。两位年近古稀的老人起早贪黑,常常废寝忘食。一想到这也许是自己生命中修建的最后一幢吊脚楼,徐嘎叔更是格外用心。

既许一人以偏爱,愿尽余生之慷慨。按照女儿制定的规划,徐嘎叔拆掉了原来一正一横一层的老屋,然后按两层结构重建,下面为堂屋,有客厅、火炕、餐厅、厨房等生活区域,上面全部是按城市宾馆模式建造的客房,有单间、标准间,抽水马桶、淋浴等设施一应俱全,外观是土家特色民居模样。紧接着在横屋出头处增加了一幢与其垂直的全吊脚楼,屋后再建了一个观景六角凉亭,从而形成了“一亭三联”的土家族吊脚楼群落。经过徐嘎叔和于幺两年的艰辛努力,2018 年 3 月,山里最早开出的野樱桃花,见证了崭新吊脚楼的落成。它依山就势,青瓦石凳,栗树为柱,杉木板壁;格子窗,双耳门,麻条石,伞把柱;榫是榫,卯是卯,柱枋横竖交错,椽“千”排列有序。在这深山密林,土家工匠把吊脚楼营造的各项工艺发挥得淋漓尽致,令人啧啧称赞。

又见深山吊脚楼的烟火气

然而遗憾的是，由于劳累过度，徐嘎叔在一次意外中离世，一代土家族吊脚楼掌墨师带着他的传世绝技，就这样悄声无息地走了。儿女们把老人家的安身之地选在了相隔不远的一座山上，与他亲手修建的吊脚楼遥相守望。

吊脚楼落成迎宾的那一天，女儿于新玉带着来自武汉、广州的一大拨客人，加上邻里乡亲，让寂静了数百年的山村一下子热闹起来。其中一位广州某大学的教授，是第一次见到这里的土家族吊脚楼，被它的精美绝伦所折服，不禁由衷感叹：天地有大美而不言，世外桃源，也不过如此。

“山上朝来云出岫，随风一去未曾回”。于新玉说自己就像这山中的一片云，多年前飘向遥远的南方，未曾想过回到山中。但是家乡的绿水青山，一草一木，特别是吊脚楼，一直让她日思夜想，魂牵梦绕。时代的发展与机遇，让她得以回首故乡，投身到家乡建设振兴中。回馈乡亲，告慰父亲，于新玉特意把新修的吊脚楼取名为“归岫庄”。其“归岫”之意，不仅饱含着土家族吊脚楼掌墨师徐嘎叔倾尽一生的心血，也蕴藏着于新玉心中的那道乡土情结。

两代人的回归，只为这传承千年的吊脚楼傲立土家山乡，不倒，不朽。山中的岁月，从此不寂寞。

新建的归岫庄，所占坡地面积约 5000 平方米，是走马镇芭蕉村众多即将消失的土家族吊脚楼中唯一以全木质结构新姿态呈现的土家民居，它把土家族吊脚楼的传统工艺与现代元素巧妙融合，在层楼叠榭中尽显古朴灵秀。一条溪涧自山后密林隐隐而来，到了归岫庄的前面，便聚水成流，形成自然水潭，潭水清澈如镜，野鱼野蛙随处可见，它让归岫庄的依山傍水名副其实。归岫庄的四周树繁林茂，春天有野樱花、山茶花，夏天有映山红，秋天有桂花，冬天有蜡梅花。十里如画的自然风光，穿越千年的土家风情，让每一位来到这里的人驻足，感叹，不思归。

曾经是“一年一年风霜遮盖了笑脸，你寂寞的心有谁能体会”的境遇，却总有人为它钟情。归岫庄，既是土家族吊脚楼的重生，更是民族文化的坚韧传承。

什么是乡村之美？是绿水青山中的天蓝风轻和云雾升腾，是穿越时空的民族传承与人文风情。归岫庄，是土家族吊脚楼营造掌墨师徐嘎叔的生命坚守，是土家女儿于新玉投身家乡建设的毅然回归。

芭蕉河的水清幽见底，它在两岸高大浓密的麻柳树庇护下，依然欢快蹦跳。河面上一座新修的小桥，连通了归岫庄与山外的世界，挂着不同地域牌照的汽车不断驶入小小的芭蕉河村，又不舍地离开，在如画的村庄走走停停，在美丽的归岫庄来来往往。日益增多的客人，让一度孤寂的山乡有了很旺的人气，常常有着节日般的热闹。归岫庄土家族吊脚楼特色民居体验之旅，也带火了周边旅游。比如，远道而来的客人离开归岫庄之后，就会去万里古茶道茶园地——走马镇升子村木耳山游览万亩有机茶园，观雨过天晴的云雾霞光，尽享漫山醉人的碧绿。还会去江坪河电站库区，坐上观光船，在两岸青山相迎中泛舟绿水，饱览溇水百里画廊。

万里古茶道茶园地——鹤峰县走马镇木耳山

带着父亲的心愿，也带着邻里乡亲的期盼，于新玉以归岫庄为着力点，开始致力于开发乡村旅游相关产业，惠及芭蕉村的村民。

被冷落在荆棘杂草丛中的野茶树，荒芜的满山茶园，迎来了村民们的勤劳双手和热情笑脸。村里茶厂建起来了，厂长是于新玉，她让村里的生态优质茶走进南方大市场，成为茶客们的抢手货。从此，芭蕉村村民们生产加工的茶叶产品，有了长期稳定的销售通道。村民们说，我们村过去的绿水青山，现在成了金山银山。

又见归岫庄，也遇见了更多回归家乡、建设美丽乡村的追梦人。

走在国家“十四五”发展规划进程的起点，追逐乡村振兴的美好明天，于新玉和她的归岫庄吊脚楼特色民居开了个好头，为鹤峰县走马镇乡村振兴注入了前卫理念。于是，更多的人把目光聚焦到土家族吊脚楼特色建筑在未来发展中的作用。那些散落乡间山野的土家建筑瑰宝，正洗去岁月风尘，在乡村振兴的舞台上如沐春风，盛装登场。

溇水河边吊脚楼

参 考 文 献

[1] 邓斌,向国平.远去的诗魂——中国土家族“田氏诗派”初探[M].武汉:湖北人民出版社,2003.

[2] 邓斌.巴人河[M].武汉:长江文艺出版社,2007.

[3] 张良皋,李玉祥.老房子——土家吊脚楼[M].南京:江苏美术出版社,1994.

[4] 赵玉材.绘图地理五诀[M].北京:世界知识出版社,2010.

[5] 马利亚.土家族冉土司别苑——黔江草圭堂建筑研究[M].重庆:重庆大学出版社,2017.

[6] 王红英,吴巍.鄂西土家族吊脚楼建筑艺术与聚落景观[M].天津:天津大学出版社,2013.

[7] 朱世学.鄂西古建筑文化研究[M].北京:新华出版社,2004.

[8] 谢一琼.土家族吊脚楼——以咸丰土家族吊脚楼为例[M].武汉:湖北人民出版社,2014.

[9] 吴正光,陈颖,赵逵,等.西南民居[M].北京:清华大学出版社,2010.

[10] 廖德根,刘斌.恩施旅游文化[M].武汉:湖北人民出版社,2018.

[11] 张良皋.武陵土家[M].北京:生活·读书·新知三联书店,2001.

后　　记

恩施土家族苗族自治州地处武陵山地区腹地，土家族先辈是这里最早的居民。

从洞穴、巢穴到茅草屋、吊脚楼，逐水而居、捕鱼为业的土家人，在川东至鄂西南这片崇山峻岭、江河密布的“桃源秘境”，创造出了独树一帜的建筑文明。依山而建，傍水而居，青瓦飞檐，柱榫枋椽。土家族吊脚楼饱经风雨沧桑，用顶天立地的顽强，庇护着恩施土家人的繁衍生息。它抗击无法逃避的腐蚀侵扰，历经被新型建筑逐渐取代的现实“阵痛”，艰难穿越，一路跌跌撞撞，有着与土家人不离不弃、生死相随的悲壮。土家族吊脚楼能走到今天，可谓千年奇观，实属不易。《土家族吊脚楼建筑艺术与文化》一书，既是对土家族吊脚楼建筑艺术的追根溯源，也是对其未来命运的努力思考。

为弘扬土家建筑文化，做好关于恩施土家族吊脚楼的保护与传承、开拓与创新工作，2019年年初，恩施土家族苗族自治州人民政府委托州住建部门组织撰写《土家族吊脚楼建筑艺术与文化》一书。接到任务后，湖北土司匠人古建筑有限公司与湖北九峰文化传播有限公司联合行动，在全州范围内，邀请到对土家建筑文化和民俗文化有着研究成果和兴趣爱好的专家学者数人，按照“挖掘整理土家吊脚建筑艺术，讲好土家族吊脚楼故事”的总体编撰要求，组织他们分赴全州各地和州外的重庆黔江、湖南龙山和永顺、贵州西江等地，深入采访、认真撰写，并实地拍摄了大量珍贵照片。经过近三年的不懈努力，如期完成了本书的撰写、照片拍摄任务，最终编撰成书。

踏遍青山，跨越江河。一幢幢横空挺立的土家族吊脚楼点缀武陵大地，构成了一幅幅色彩绚烂的立体画，让人目不暇接，沉迷其中。它既是土家人的骄傲，更是世界建筑艺术百花园中的瑰宝。撩开历史的水幕，去探寻土家族吊脚楼建筑艺术的起源、发展演变过程，解读吊脚楼文化传承，发掘吊脚楼营造技艺，知晓恩施州吊脚楼营造技艺传承、保护概况，在土家族吊脚楼的故事里徜徉陶醉……巴人遗风，留下千古绝唱；土家民居，书写建筑传奇。土家族吊脚楼的前世今生相距得太久太久，这本书就成了我们神游其中的一个新路标。

《土家族吊脚楼建筑艺术与文化》在土家族建筑文化溯源上尊崇历史文献资料，将史实与相关学术成果相结合，具有一定的研读价值。而在发掘建筑营造技艺方面，则注重土家族吊脚楼营造技艺传人——掌墨师的口述与珍贵留存相结合，具有口口相传的真实性和经典性。在讲述吊脚楼的故事时，注重现代文学创作风格，将营造技艺与土家族文化、生产生活状态、历史背景等元素融入其中，以土家人生产生活故事为主线，增加了文章的可读性和趣味性。本书有关“土家族吊脚楼故事”的文字、图片所占篇幅较大。书中所描写有关土家族吊脚楼的故事，基本上局限于恩施州境内，按照已故建筑学专家张良皋教授的观点，恩施州土家族吊脚楼就是武陵地区的典型代表。因此，它的故事也是具有代表性和典型性的。

恩施州委、州政府十分重视此书的编撰工作，并提出了“要站在恩施州乡村振兴和未来经济社会发展的战略高度，做好土家族吊脚楼的保护与传承工作”这一具体要求。由此，时任恩施州人民政府副州长的张勇强同志，多次与本书编撰组的专家学者一道，研讨撰写编辑工作。州住建部门相关负责人坚持审读每篇稿件，并及时提出修改意见。

应恩施州住房和城乡建设局的邀聘，担任本书撰写的专家学者和具体篇目分别是：谷斌《土家族吊脚楼源流考》，邓斌《武陵山居古今谈（上下篇）》，唐敦权《土家族吊脚楼探秘》，丁德煜《土家族吊脚楼民俗文化》，柯兴碧前言、《告慰青山为我用 祭祀山神恋育情》《敬鲁班、说福事——夸张的慰藉和祝福》《精心选址建良宅 世代图强心安逸》《良辰吉日宜修造 岁月日时探神秘》《十八流程须用心 步步关联高楼起》《吊脚楼内部装修的简单与精美》《恩施州土家族吊脚楼营造技艺传承保护检视》《万桃元——从工匠走向艺师》《老房子》《土家金盆寨》《吊脚楼里的红色故事》，田冰《穿越时空的踪迹》《酉水吊脚楼今何在》《童年的吊脚楼》《又见归岫庄》和后记，张永年《光影吊脚楼》《把根留住》，王业军《老屋里 新屋里》。黄敏、黄建川同志负责本书的文字和图片审校工作。

参与撰写此书的专家学者，有致力于巴文化研究的作家、大学教授、资深媒体记者、中学高级教师、自由撰稿人等。他们怀着对土家族先辈的敬仰、对土家族文化的深深热爱，肩负使命，坚定前行，笔耕于土家族建筑文化的沃土，用心、用情，用执着、用汗水，共同编织、书写一章章土家族建筑文化的精彩与荣耀。他们跋涉在武陵深山，追寻远去的吊脚楼村庄，采撷遐思，遨游时空，用第一视觉捕捉土家族吊脚楼建筑的遗存，用镜头和文字见证它的时代新姿。扼腕其风雨飘摇后的残败，欣慰其顽强坚守中的重生。利川忠路的老屋基、60公社，来凤百福司的舍米湖"摆手堂"，宣恩沙道沟的彭家寨、庆阳老街，咸丰"干栏之乡"的杨家大院，鹤峰容美的槽门寨子、走马的"归岫庄"……土家族先辈的建筑杰作令人震撼，后辈的传承创新之举让人欣喜。一次又一次的寻踪之旅，跌宕起伏的心路历程，无不让人心潮澎湃，灵魂荡涤。这是一次跨越时空的心灵对话，也是一次激情飞扬的命题问答。专家学者们付出的是虔诚和心血，换来的是土家族建筑文化的耀眼华章。他们中有的已年近七旬，仍然带着老花镜坚持写作；有的在病床上完成初稿、终稿；有的在完成创作任务不久，还没有等到此书的出版就遗憾地离开了世界。

生命有止，精神永恒。只问土家族吊脚楼的前途命运，不问自己的得失和归期，这是胸怀，更是境界。因为，众生荟萃的世界，总有人的脉搏在为理想跳动；总有一种生命，在为明天绽放。

《土家族吊脚楼建筑艺术与文化》数易其稿，是新时代土家族建筑文化研究的又一力作。它能让读者领略到清代诗人褚上林在《登连珠塔》中所述的"四面烟云空依傍，一城楼廓认高低"的恩施州古城吊脚楼群的壮观，体味到王家筠在《清江楼晚眺》中所感的"清江城似画，向晚一登楼"的惬意，感知到冯永旭在《唐崖司》诗中对土司皇城土家族吊脚楼群"惟留废苑埋芳草，但见空山走白云"的嗟叹。

顾辙思由，扶轼瞻远。回眸凝望土家族吊脚楼建筑史诗般的足迹，探索思考它的未来前行之路，不仅是本书的宗旨，也是恩施州委、州政府描绘全州乡村振兴蓝图中的重要一笔。

谨以此书，致敬为恩施自治州土家族吊脚楼建筑艺术与文化的保护、传承倾力付出的人们！

田冰

2021年国庆